달달 풀고 곰곰 생각하는

달곰한 계산력

초등 6-1

디지털 교육 컨텐츠를 전문적으로 제작하고 공유하여
교실과 학교, 교육의 변화를 꿈꾸는
현직 교사로 이루어진 전국 단위 전문적 학습 공동체입니다.

지 은 이 NE능률 수학교육연구소
참쌤스쿨 김지원
개발책임 차은실
개 발 한아름, 김다은, 김건희
디 자 인 오영숙, 한새미, 황유진
일러스트 이상화
영 업 한기영, 이경구, 박인규, 정철교, 김남준, 이우현
마 케 팅 박혜선, 남경진, 이지원, 김여진
펴 낸 이 주민홍
펴 낸 곳 서울시 마포구 월드컵북로 396(상암동) 누리꿈스퀘어 비즈니스타워 10층
㈜NE능률 (우편번호 03925)
펴 낸 날 2023년 11월 1일 초판 제1쇄
2024년 1월 5일 초판 제2쇄
전 화 02 2014 7114
팩 스 02 3142 0357
홈페이지 www.neungyule.com
등록번호 제1-68호

고객센터
교재 내용 문의: contact.nebooks.co.kr (별도의 가입 절차 없이 작성 가능)
제품 구매, 교환, 불량, 반품 문의: 02 2014 7114
☎ 전화 문의는 본사 업무 시간 중에만 가능합니다.

수학 공부를 하다 보면 이해가 안 돼서 어렵고, 또 재미도 없고…….

그래서 수학 공부를 하기 싫은 적이 있지 않나요?

수학이 어려운 가장 큰 이유는 지금 배우고 있는 수학 개념들이 대부분 글로 된 딱딱한 설명과 식으로 되어 있기 때문이죠.

그래서 설명을 읽어도 모르겠고, 식을 봐도 이해가 되지 않는 것이랍니다.

하지만! 어려운 수학 개념을 너무나 쉽게 이해할 수 있는 방법!

바로 비주얼 싱킹을 활용해서 수학 개념을 이해하고 문제를 풀어 보는 것이지요.

여러분들이 이해하기 쉽게 수학 개념을 풀어놓은 달곰한 계산력으로 수학 공부를 재미있게 해 보세요!

달콤한 계산력 한눈에 보기

1

학교 선생님이 아이들의 눈높이에 맞추어
설명한 연산 개념을 담았어요.

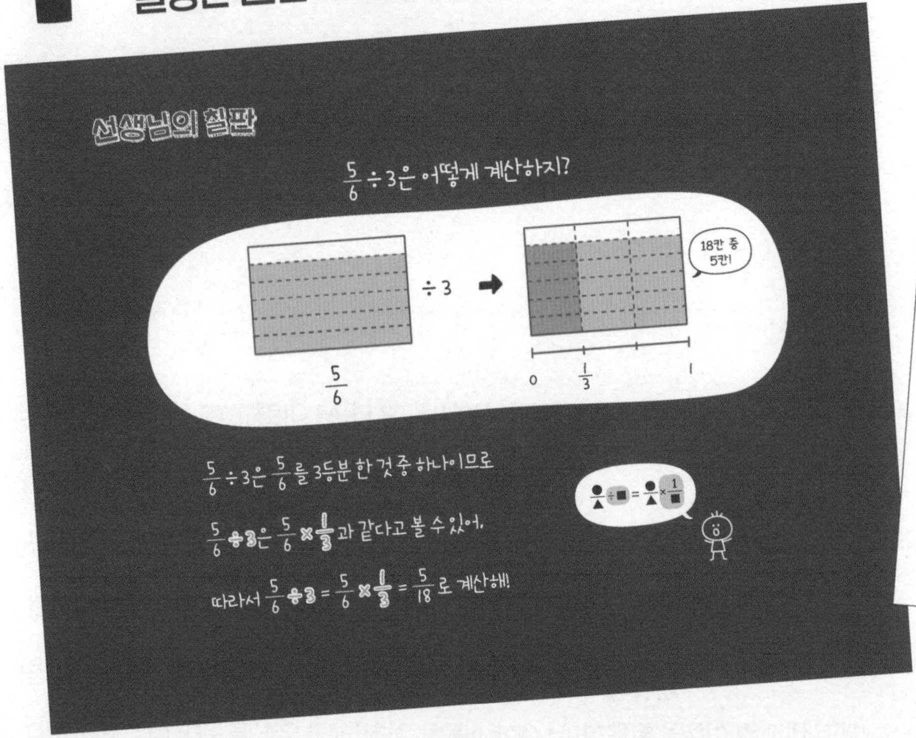

2

개념을 다시 한번 짚어주는 지문을 읽고
충분히 연습해요.

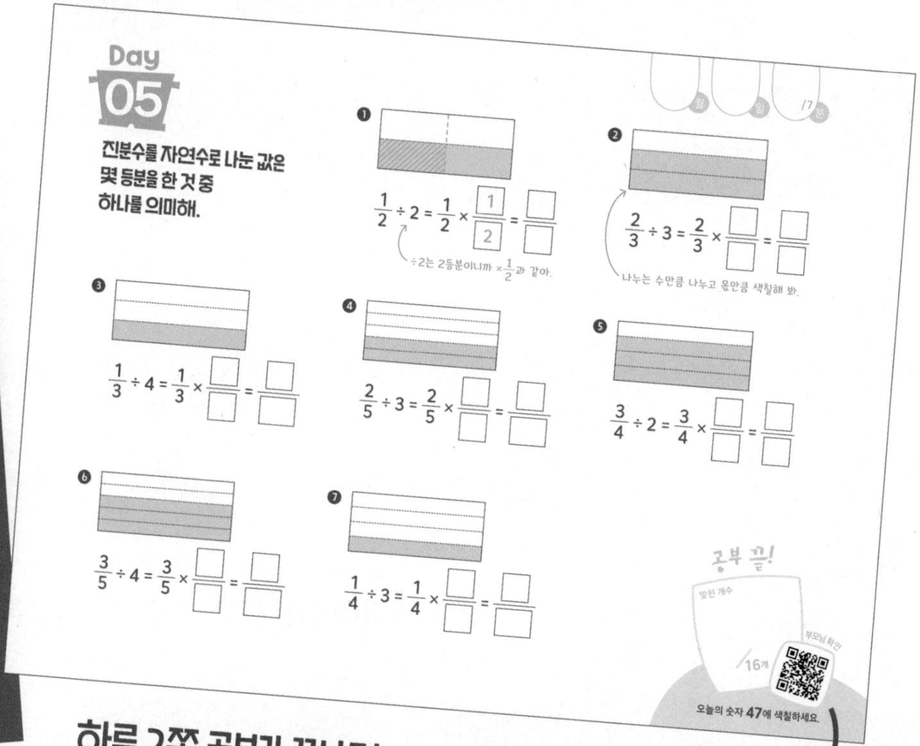

하루 2쪽 공부가 끝나면
QR로 빠르게 채점하고, 로직을 완성해요.

3

단계별 학습이 끝나면
재미있는 놀이 연산으로 연산 실력을 UP!

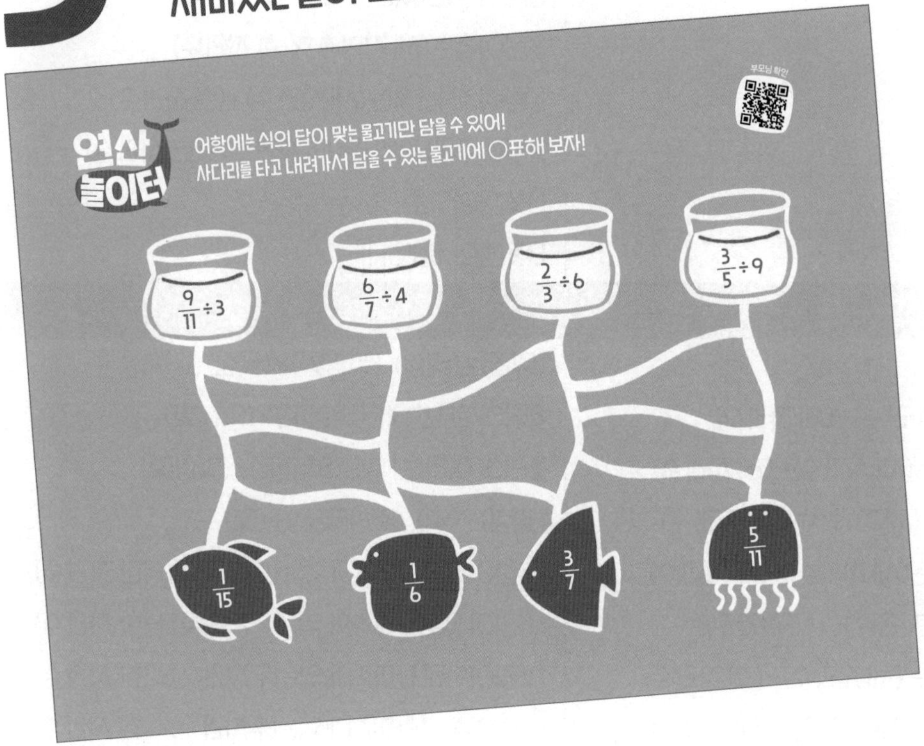

1~6단계, 7~11단계, 1~11단계 범위에 따라
연산 실력을 점검해 봐요.

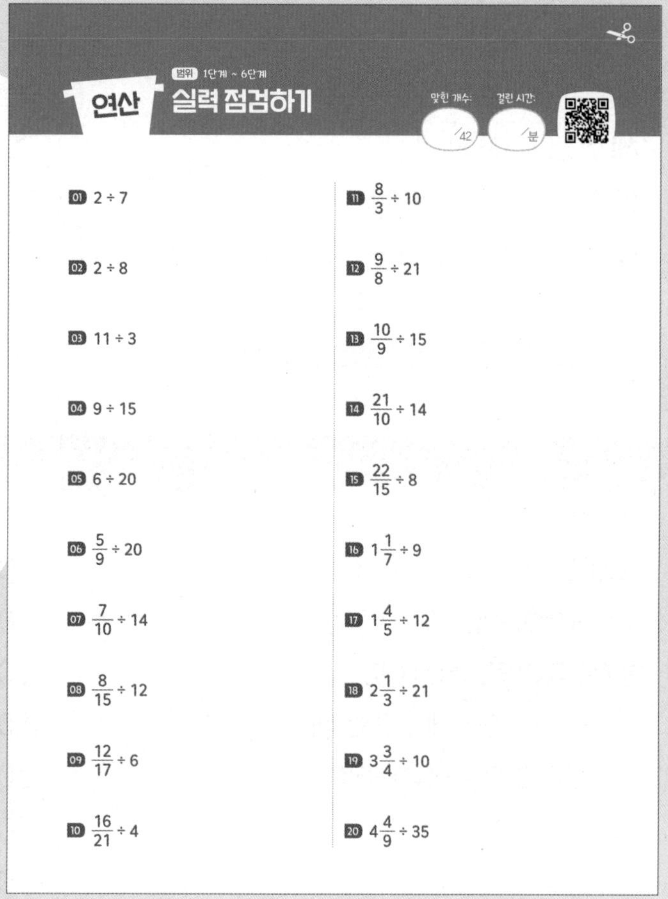

범위 1단계 ~ 6단계

연산 실력 점검하기

맞힌 개수: /42 걸린 시간: /분

01 $2 \div 7$

02 $2 \div 8$

03 $11 \div 3$

04 $9 \div 15$

05 $6 \div 20$

06 $\frac{5}{9} \div 20$

07 $\frac{7}{10} \div 14$

08 $\frac{8}{15} \div 12$

09 $\frac{12}{17} \div 6$

10 $\frac{16}{21} \div 4$

11 $\frac{8}{3} \div 10$

12 $\frac{9}{8} \div 21$

13 $\frac{10}{9} \div 15$

14 $\frac{21}{10} \div 14$

15 $\frac{22}{15} \div 8$

16 $1\frac{1}{7} \div 9$

17 $1\frac{4}{5} \div 12$

18 $2\frac{1}{3} \div 21$

19 $3\frac{3}{4} \div 10$

20 $4\frac{4}{9} \div 35$

권별 학습 내용

1-1	2-1	3-1
수를 모으고 가르기	받아올림이 한 번 있는 (두 자리 수)+(두 자리 수)	(몇십)×(몇)
합이 9까지인 덧셈	받아올림이 두 번 있는 (두 자리 수)+(두 자리 수)	올림이 없는 (두 자리 수)×(한 자리 수)
한 자리 수의 뺄셈	받아내림이 있는 (두 자리 수)-(두 자리 수)	십의 자리에서 올림이 있는 (두 자리 수)×(한 자리 수)
덧셈과 뺄셈의 관계	덧셈식, 뺄셈식에서 □의 값 구하기	일의 자리에서 올림이 있는 (두 자리 수)×(한 자리 수)
세 수의 덧셈과 뺄셈	같은 수를 여러 번 더하기	올림이 두 번 있는 (두 자리 수)×(한 자리 수)
(몇십)+(몇), (몇)+(몇십)	2단, 5단 곱셈구구	올림이 없는 (세 자리 수)×(한 자리 수)
(몇십몇)+(몇), (몇십몇)-(몇)	3단, 6단 곱셈구구	올림이 한 번 있는 (세 자리 수)×(한 자리 수)
(몇십)+(몇십), (몇십)-(몇십)	4단, 8단 곱셈구구	올림이 여러 번 있는 (세 자리 수)×(한 자리 수)
(몇십몇)+(몇십몇), (몇십몇)-(몇십몇)	7단, 9단 곱셈구구	나눗셈의 기초
		나눗셈의 몫 구하기

1-2	2-2	3-2
10을 모으고 가르기	곱셈구구 종합	(몇십)×(몇십), (몇십몇)×(몇십)
10이 되는 더하기, 10에서 빼기	받아올림이 없는 (세 자리 수)+(세 자리 수)	올림이 한 번 있는 (몇십몇)×(몇십몇)
두 수의 합이 10인 세 수의 덧셈	받아올림이 한 번 있는 (세 자리 수)+(세 자리 수)	올림이 여러 번 있는 (몇십몇)×(몇십몇)
받아올림이 있는 (몇)+(몇)	받아올림이 두 번 있는 (세 자리 수)+(세 자리 수)	(몇십)÷(몇), (몇백몇십)÷(몇)
두 수의 차가 10인 세 수의 뺄셈	받아올림이 세 번 있는 (세 자리 수)+(세 자리 수)	내림이 없고 나머지가 없는 (두 자리 수)÷(한 자리 수)
받아내림이 있는 (십몇)-(몇)	받아내림이 없는 (세 자리 수)-(세 자리 수)	내림이 있고 나머지가 없는 (두 자리 수)÷(한 자리 수)
덧셈과 뺄셈의 관계	받아내림이 한 번 있는 (세 자리 수)-(세 자리 수)	내림이 없고 나머지가 있는 (두 자리 수)÷(한 자리 수)
받아올림이 있는 (몇십몇)+(몇)	받아내림이 두 번 있는 (세 자리 수)-(세 자리 수)	내림이 있고 나머지가 있는 (두 자리 수)÷(한 자리 수)
받아내림이 있는 (몇십몇)-(몇)		백의 자리부터 몫을 구하는 (세 자리 수)÷(한 자리 수)
세 수의 덧셈과 뺄셈		백의 자리 수가 나누는 수보다 작은 (세 자리 수)÷(한 자리 수)

4 - 1	5 - 1	6 - 1
(몇백)×(몇십), (몇십)×(몇백)	덧셈과 뺄셈, 곱셈과 나눗셈이 섞여 있는 식	(자연수)÷(자연수), (진분수)÷(자연수)
(세 자리 수)×(몇십)	괄호가 없는 자연수의 혼합 계산	곱셈으로 계산하는 (진분수)÷(자연수)
(세 자리 수)×(두 자리 수)	괄호가 있는 자연수의 혼합 계산	(가분수)÷(자연수), (대분수)÷(자연수)
(몇백몇십)÷(몇십)	약수와 공약수, 배수와 공배수	(진분수)÷(진분수)
(두 자리 수)÷(몇십)	공약수와 최대공약수	(자연수)÷(진분수)
(세 자리 수)÷(몇십)	공배수와 최소공배수	(가분수)÷(진분수), (대분수)÷(진분수)
(두 자리 수)÷(두 자리 수)	약분과 통분	각 자리에서 나누어떨어지지 않는 (소수)÷(자연수)
몫이 한 자리 수인 (세 자리 수)÷(두 자리 수)	분모가 다른 진분수의 덧셈	0을 내리거나 몫에 0이 포함된 (소수)÷(자연수)
몫이 두 자리 수인 (세 자리 수)÷(두 자리 수)	분모가 다른 대분수의 덧셈	몫이 소수인 (자연수)÷(자연수)
	분모가 다른 진분수의 뺄셈	비와 비율
	분모가 다른 대분수의 뺄셈	백분율

4 - 2	5 - 2	6 - 2
대분수를 가분수로, 가분수를 대분수로 나타내기	어림하기	자릿수가 같은 (소수)÷(소수)
진분수의 덧셈	(분수)×(자연수)	자릿수가 다른 (소수)÷(소수)
대분수의 덧셈	(자연수)×(분수)	(자연수)÷(소수)
진분수의 뺄셈	(진분수)×(진분수)	몫을 반올림하여 나타내기
받아내림이 없는 대분수의 뺄셈	(대분수)×(대분수)	나누어 주고 남는 양
(자연수)-(분수)	세 분수의 곱셈	자연수, 분수, 소수의 혼합 계산
받아내림이 있는 대분수의 뺄셈	소수와 자연수의 곱셈	간단한 자연수의 비로 나타내기
자릿수가 같은 소수의 덧셈	(소수)×(소수)	비례식
자릿수가 다른 소수의 덧셈	분수와 소수의 혼합 계산	비례배분
자릿수가 같은 소수의 뺄셈		
자릿수가 다른 소수의 뺄셈		

48일 완성, 연산 지도법

단계	공부 내용	이렇게 지도해요	공부 날	쪽수
1 단계	(자연수)÷(자연수), (진분수)÷(자연수)	나눗셈의 몫을 분수로 나타내는 것을 이해할 수 있도록 지도해 주세요. 또한 결괏값을 분수로 나타낼 때는 기약분수로 나타내야 함을 꼭 짚어 주세요.	DAY 1	10쪽
			DAY 2	12쪽
			DAY 3	14쪽
			DAY 4	16쪽
2 단계	곱셈으로 계산하는 (진분수)÷(자연수)	분수의 나눗셈을 곱셈으로 나타내봅니다. ÷(자연수)를 $\times \frac{1}{(자연수)}$로 나타낼 수 있음을 이해할 수 있도록 지도해 주세요.	DAY 5	22쪽
			DAY 6	24쪽
			DAY 7	26쪽
			DAY 8	28쪽
3 단계	(가분수)÷(자연수), (대분수)÷(자연수)	나누는 수가 자연수인 분수의 나눗셈을 학습합니다. 다양한 계산 방법을 통해 (분수)÷(자연수)의 계산 방법은 분수의 형태와 상관없이 같다는 것을 이해할 수 있도록 지도해 주세요.	DAY 9	34쪽
			DAY 10	36쪽
			DAY 11	38쪽
			DAY 12	40쪽
			DAY 13	42쪽
4 단계	(진분수)÷(진분수)	나누는 수가 진분수인 나눗셈을 학습합니다. 나누는 두 분수를 보고 다양한 계산 방법 중 적절한 방법을 사용해 계산할 수 있도록 지도해 주세요.	DAY 14	48쪽
			DAY 15	50쪽
			DAY 16	52쪽
			DAY 17	54쪽
5 단계	(자연수)÷(진분수)	(자연수)÷(진분수)일 때 분수식의 형태를 적절히 바꾸어 계산하는 법을 익힐 수 있도록 지도해 주세요.	DAY 18	60쪽
			DAY 19	62쪽
			DAY 20	64쪽
6 단계	(가분수)÷(진분수), (대분수)÷(진분수)	나누어지는 수가 가분수, 대분수인 분수의 나눗셈을 학습합니다. 분수의 형태에 상관없이 계산 방법이 동일하다는 것을 이해하고, 분수의 나눗셈 알고리즘을 완벽하게 습득할 수 있도록 지도해 주세요.	DAY 21	70쪽
			DAY 22	72쪽
			DAY 23	74쪽
			DAY 24	76쪽
			DAY 25	78쪽

단계	공부 내용	이렇게 지도해요	공부 날	쪽수
7 단계	각 자리에서 나누어 떨어지지 않는 (소수)÷(자연수)	자연수의 나눗셈, 분수의 나눗셈과 연결지어 소수의 나눗셈을 학습합니다. 나눗셈을 하고, 적절한 위치에 소수점을 찍어 몫을 소수로 나타낼 수 있도록 지도해 주세요.	DAY 26	84쪽
			DAY 27	86쪽
			DAY 28	88쪽
			DAY 29	90쪽
			DAY 30	92쪽
8 단계	0을 내리거나 몫에 0이 포함된 (소수)÷(자연수)	몫에 0을 쓰거나 필요에 따라 0을 내려 나눗셈을 하는 단계입니다. 자연수의 나눗셈처럼 소수의 나눗셈에서도 0을 활용해 계산할 수 있음을 이해시켜 주시고, 이때 적절한 위치에 소수점을 찍을 수 있도록 지도해 주세요.	DAY 31	98쪽
			DAY 32	100쪽
			DAY 33	102쪽
			DAY 34	104쪽
			DAY 35	106쪽
			DAY 36	108쪽
9 단계	몫이 소수인 (자연수)÷(자연수)	자연수의 나눗셈에서 몫을 소수까지 확장하여 구하는 단계입니다. 나누어떨어질 때까지 계속하여 나누고, 나누어떨어지지 않을 때는 반올림하여 몫을 나타낼 수 있도록 지도해 주세요.	DAY 37	114쪽
			DAY 38	116쪽
			DAY 39	118쪽
			DAY 40	120쪽
10 단계	비와 비율	나눗셈으로 두 수를 비교하는 개념인 '비'와 '비율'을 학습합니다. 두 수의 비에서 기준량과 비교하는 양에 대한 개념을 정확하게 학습하고, 분수와 소수의 형태로 비율을 나타낼 수 있도록 지도해 주세요.	DAY 41	126쪽
			DAY 42	128쪽
			DAY 43	130쪽
			DAY 44	132쪽
11 단계	백분율	100을 기준으로 하는 비율인 '백분율'을 학습합니다. 백분율도 비율임을 이해시켜 주시고, 분수나 소수 형태의 비율과 백분율을 서로 바꿔보며 하나의 비를 여러 형태의 비율로 나타낼 수 있도록 지도해 주세요.	DAY 45	138쪽
			DAY 46	140쪽
			DAY 47	142쪽
			DAY 48	144쪽

01

(자연수) ÷ (자연수), (진분수) ÷ (자연수)

이번에는 무엇을 배울까?

분수와 소수의 혼합 계산

(자연수) ÷ (자연수), (진분수) ÷ (자연수)

곱셈으로 계산하는 (진분수) ÷ (자연수)

이렇게 지도해요!

❶ **먼저 설명해 주세요.**

그림과 말로 풀어낸 (자연수)÷(자연수), (진분수)÷(자연수) 내용을 아이와 함께 따라 읽어 보면서, 나눈 결괏값을 분수로 나타내는 것을 이해합니다.

❷ **수를 이해하며 계산해요.**

설명과 이어지는 그림을 이용하여 Day1과 Day2에서 원리를 이해하며 문제를 풉니다.

❸ **충분히 연습해요.**

Day3과 Day4의 문제 풀이를 통해 나누는 수가 자연수인 분수의 나눗셈의 기초적인 개념을 이해하고, 답을 분수로 나타내는 것을 충분히 다루어 봅니다.

스스로 계획을 세워요!

	공부할 날짜	목표 시간	복습할 날짜
Day 01/48	월 / 일	분 / 21개	월 / 일
Day 02/48	월 / 일	분 / 15개	월 / 일
Day 03/48	월 / 일	분 / 36개	월 / 일
Day 04/48	월 / 일	분 / 36개	월 / 일

선생님의 칠판

1을 똑같이 4로

어떻게 나눌까?

$\frac{3}{4}$을 똑같이 3으로

어떻게 나눌까?

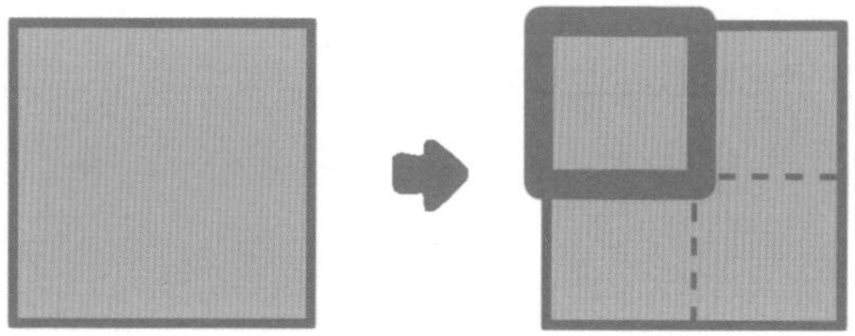

$$1 \div 4 = \frac{1}{4}$$

1을 4등분 한 것 중 하나!

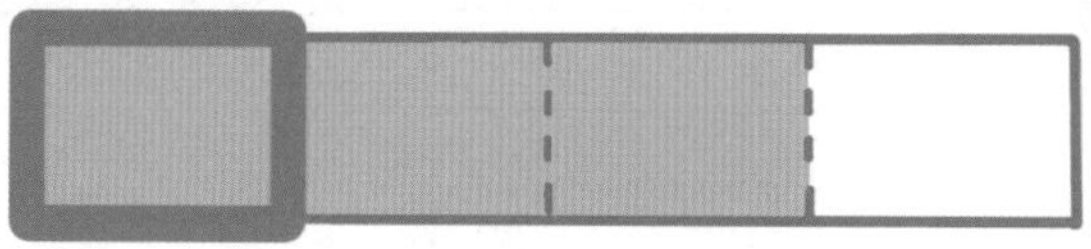

$\frac{3}{4}$은 $\frac{1}{4}$이 3개이고

3을 3으로 나누면 $3 \div 3 = 1$이므로

$$\frac{3}{4} \div 3 = \frac{3 \div 3}{4} = \frac{1}{4}$$

Day 01

자연수를 자연수로 나눌 때는 몇씩 똑같이 나누는지를 생각해 보면 돼.

2를 3등분 하면 몇씩 나누어지지?

❶ 2÷3

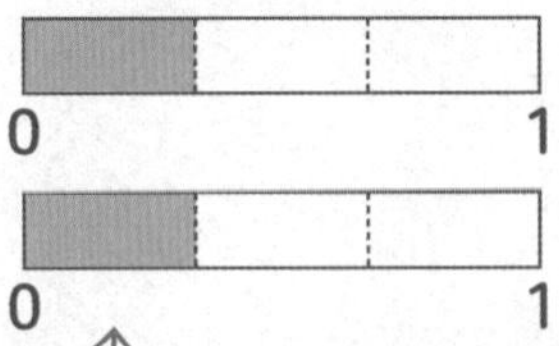

→ $2 \div 3 = \frac{\square}{\square}$

$2 \div 3$은 $\frac{1}{3}$이 2개이므로 $\frac{1}{3} \times 2 = \frac{2}{3}$야.

3÷5를 색칠하고 몫을 분수로 나타내 봐.

❷ 3÷5

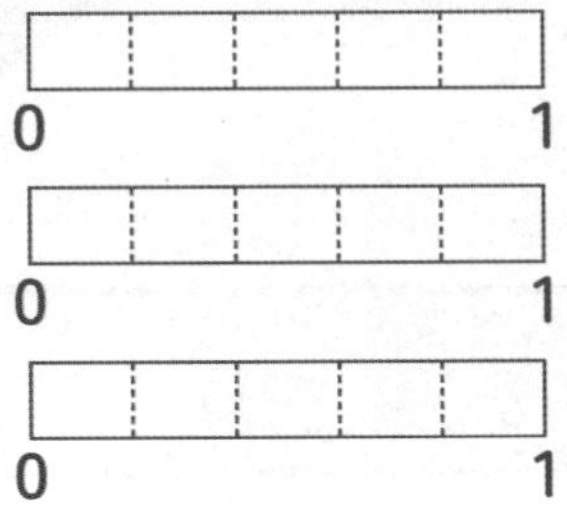

→ $3 \div 5 = \frac{\square}{\square}$

❸ 3÷7

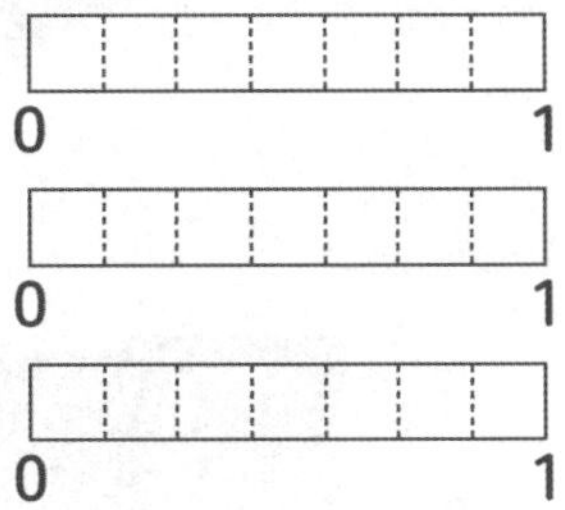

→ $3 \div 7 = \frac{\square}{\square}$

❹ 4÷7

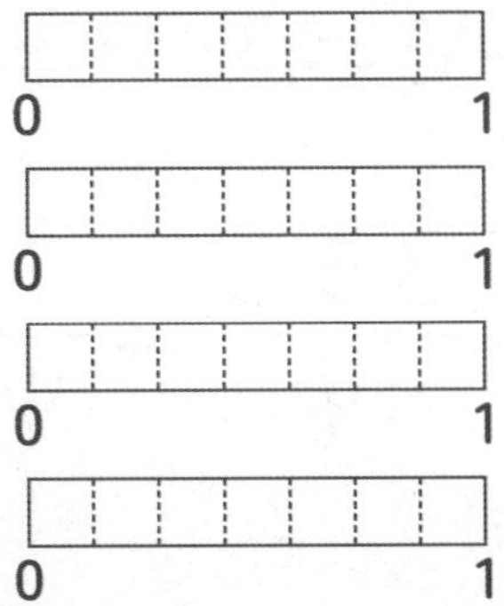

→ $4 \div 7 = \frac{\square}{\square}$

❺ 5÷6

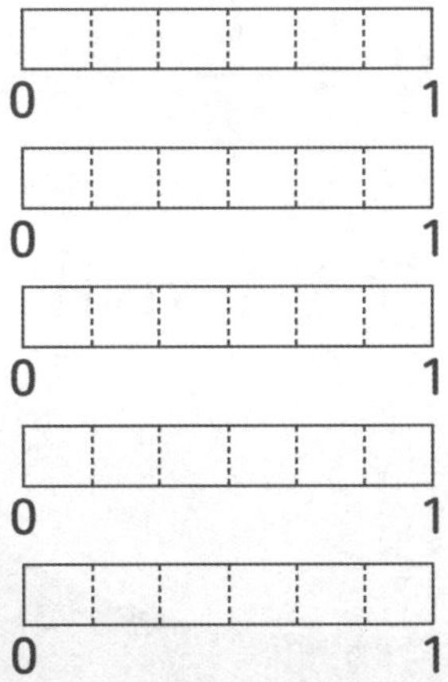

→ $5 \div 6 = \frac{\square}{\square}$

(자연수)÷(자연수)를 계산한 값은 분수로 나타내면 돼.

나누어지는 수는 분자에,

$2 \div 5 = \frac{2}{5}$

나누는 수는 분모에 써.

❻ $5 \div 9 = \frac{\square}{\square}$

❼ $1 \div 7 = \frac{\square}{\square}$

❽ $3 \div 8 = \frac{\square}{\square}$

❾ $3 \div 14 = \square$

❿ $5 \div 16 = \square$

⓫ $9 \div 11 = \square$

⓬ $4 \div 11 = \square$

⓭ $1 \div 9 = \square$

⓮ $10 \div 21 = \square$

⓯ $7 \div 12 = \square$

나누어지는 수가 더 클 때는 대분수로 나타내 봐.

⓰ $5 \div 3 = \square$

⓱ $7 \div 6 = \square$

⓲ $9 \div 8 = \square$

⓳ $13 \div 8 = \square$

⓴ $14 \div 9 = \square$

㉑ $26 \div 7 = \square$

공부 끝!

맞힌 개수 /21개

부모님 확인

오늘의 숫자 **2**에 색칠하세요.

Day 02

분수를 자연수로 나눌 때도 몇씩 똑같이 나누는지를 생각하면 돼.

$\frac{4}{5}$를 2등분 하면 $\frac{4 \div 2}{5} = \frac{2}{5}$씩 나누어져.

❶

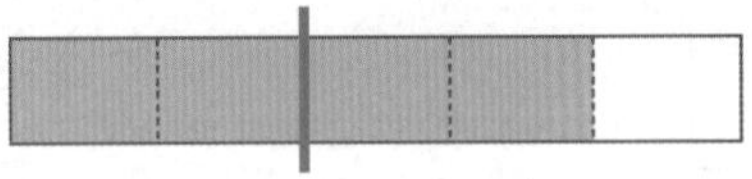

$$\frac{4}{5} \div 2 = \frac{\boxed{4 \div 2}}{5} = \frac{\square}{\square}$$

❷

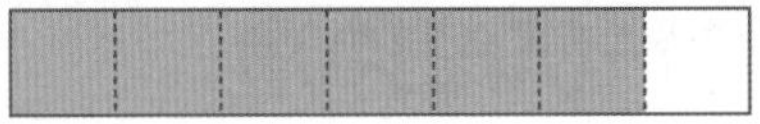

$$\frac{6}{7} \div 3 = \frac{\square}{7} = \frac{\square}{\square}$$

선을 그어 $\frac{6}{7}$을 3등분 해 볼까?

❸

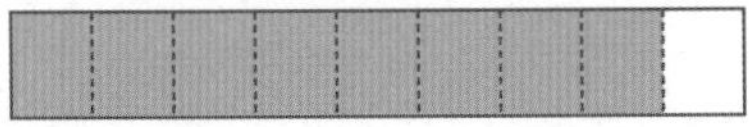

$$\frac{8}{9} \div 4 = \frac{\square}{9} = \frac{\square}{\square}$$

❹

$$\frac{6}{9} \div 3 = \frac{\square}{9} = \frac{\square}{\square}$$

❺

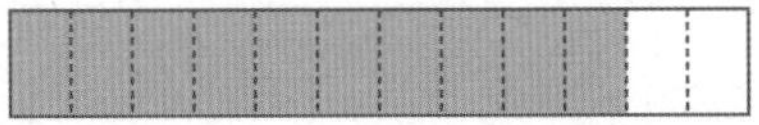

$$\frac{10}{12} \div 2 = \frac{\square}{12} = \frac{\square}{\square}$$

❻

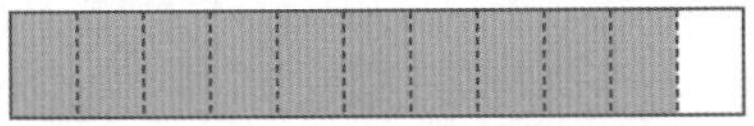

$$\frac{10}{11} \div 5 = \frac{\square}{11} = \frac{\square}{\square}$$

❼

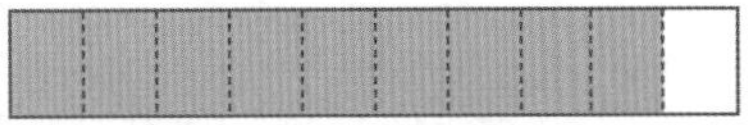

$$\frac{9}{10} \div 3 = \frac{\square}{10} = \frac{\square}{\square}$$

❽

$$\frac{6}{8} \div 2 = \frac{\square}{8} = \frac{\square}{\square}$$

분자가 자연수로 나누어떨어지지 않을 때는 분수를 적절히 바꾸어 나누면 돼.

분자가 자연수의 배수가 아닐 때에는
분자가 자연수의 배수인 분수로 바꾸어 계산하면 돼.

$\frac{5}{7} \div 2 = \frac{10}{14} \div 2 = \frac{10 \div 2}{14} = \frac{5}{14}$

분모와 분자에 3을 곱해 줘.

❾ $\frac{4}{5} \div 3 = \frac{12}{15} \div 3 = \frac{12 \div 3}{15} = \square$

몇을 곱해야 할까?

❿ $\frac{3}{4} \div 2 = \frac{\square}{8} \div 2 = \frac{\square}{8} = \square$

⓫ $\frac{2}{3} \div 4 = \frac{\square}{6} \div 4 = \frac{\square}{6} = \square$

⓬ $\frac{6}{7} \div 9 = \frac{\square}{21} \div 9 = \frac{\square}{21} = \square$

⓭ $\frac{8}{9} \div 3 = \frac{\square}{\square} \div 3 = \frac{\square}{\square} = \square$

⓮ $\frac{6}{11} \div 4 = \frac{\square}{\square} \div 4 = \frac{\square}{\square} = \square$

⓯ $\frac{5}{8} \div 10 = \frac{\square}{\square} \div 10 = \frac{\square}{\square} = \square$

공부 끝!

맞힌 개수

/15개

부모님 확인

오늘의 숫자 **24**에 색칠하세요.

Day 03

덧셈, 뺄셈, 곱셈처럼 나눗셈도 계산한 값을 분수로 나타낼 수 있어.

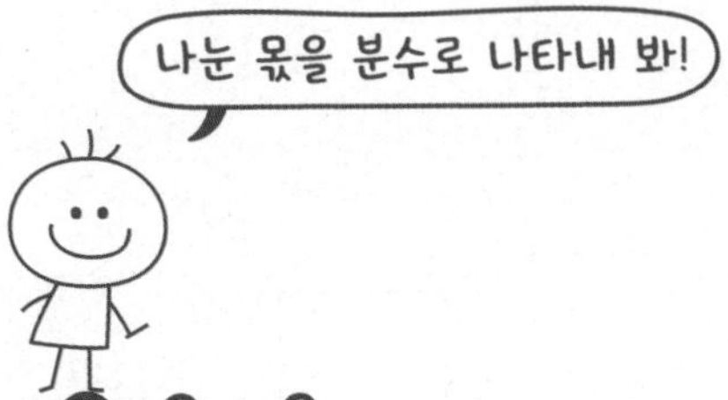

❶ $3 \div 4$

❷ $7 \div 19$

❸ $4 \div 15$

❹ $5 \div 21$

❺ $14 \div 3$

❻ $13 \div 16$

❼ $2 \div 9$

❽ $13 \div 6$

❾ $18 \div 7$

❿ $9 \div 22$

⓫ $5 \div 18$

⓬ $12 \div 19$

⓭ $10 \div 17$

⓮ $20 \div 13$

⓯ $15 \div 8$

⓰ $19 \div 4$

⓱ $11 \div 23$

⓲ $17 \div 21$

⑲ $\frac{4}{9} \div 2$

⑳ $\frac{6}{7} \div 2$

㉑ $\frac{5}{9} \div 3$

㉒ $\frac{9}{10} \div 9$

㉓ $\frac{6}{13} \div 6$

㉔ $\frac{5}{11} \div 10$

㉕ $\frac{15}{17} \div 5$

㉖ $\frac{4}{7} \div 6$

㉗ $\frac{12}{13} \div 3$

㉘ $\frac{4}{11} \div 4$

㉙ $\frac{9}{13} \div 6$

㉚ $\frac{15}{24} \div 3$

㉛ $\frac{8}{17} \div 4$

㉜ $\frac{8}{15} \div 12$

㉝ $\frac{4}{13} \div 10$

㉞ $\frac{14}{23} \div 2$

㉟ $\frac{6}{17} \div 2$

㊱ $\frac{11}{19} \div 22$

공부 끝!

맞힌 개수 /36개

부모님 확인

오늘의 숫자 **25**에 색칠하세요.

Day 04

**계산한 값은
더 이상 약분할 수 없는
기약분수로 나타내야 해.**

❶ $2 \div 5$

❷ $4 \div 9$

❸ $8 \div 17$

❹ $8 \div 11$

❺ $1 \div 12$

❻ $12 \div 7$

❼ $21 \div 2$

❽ $17 \div 28$

❾ $6 \div 19$

❿ $23 \div 13$

⓫ $17 \div 15$

⓬ $21 \div 11$

⓭ $9 \div 14$

⓮ $15 \div 22$

⓯ $4 \div 21$

⓰ $22 \div 5$

⓱ $24 \div 31$

⓲ $18 \div 13$

⑲ $\frac{2}{5} \div 4$

⑳ $\frac{8}{11} \div 8$

㉑ $\frac{6}{13} \div 3$

㉒ $\frac{6}{7} \div 10$

㉓ $\frac{5}{9} \div 15$

㉔ $\frac{9}{14} \div 3$

㉕ $\frac{8}{13} \div 2$

㉖ $\frac{7}{10} \div 14$

㉗ $\frac{10}{19} \div 2$

㉘ $\frac{20}{23} \div 4$

㉙ $\frac{9}{14} \div 12$

㉚ $\frac{4}{15} \div 16$

㉛ $\frac{6}{11} \div 21$

㉜ $\frac{15}{26} \div 5$

㉝ $\frac{20}{23} \div 5$

㉞ $\frac{16}{23} \div 4$

㉟ $\frac{16}{21} \div 8$

㊱ $\frac{10}{17} \div 15$

공부 끝!

맞힌 개수 /36개

부모님 확인

오늘의 숫자 **27**에 색칠하세요.

연산 놀이터

간식을 4명이 똑같이 나누어 먹어 볼까?
한 사람당 먹을 수 있는 양이 얼마인지 구해 보자!

부모님 확인

오이 5개

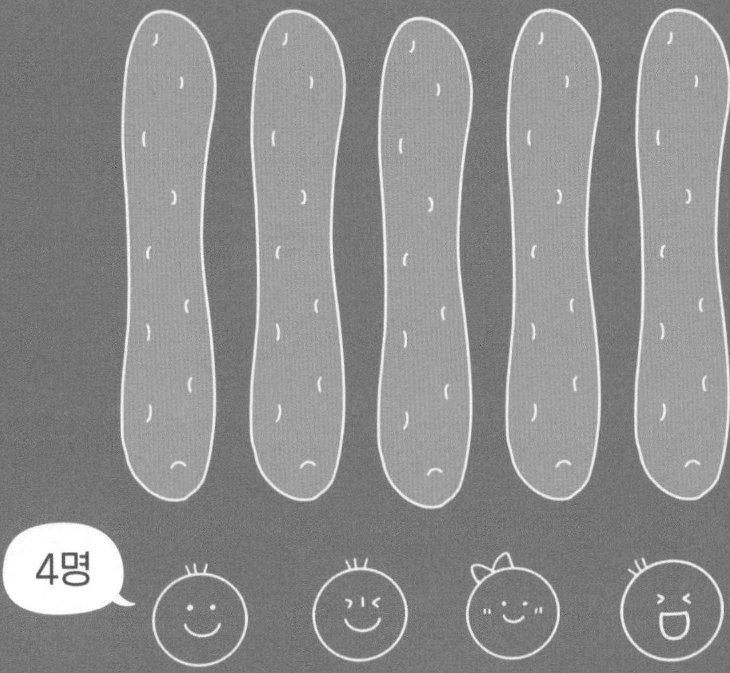

한 명당 ☐ 개씩

음료수 $\frac{4}{5}$병

한 명당 ☐ 병씩

02

곱셈으로 계산하는 (진분수)÷(자연수)

이번에는 무엇을 배울까?

(자연수)÷(자연수), (진분수)÷(자연수)

곱셈으로 계산하는 (진분수)÷(자연수)

(가분수)÷(자연수), (대분수)÷(자연수)

이렇게 지도해요!

❶ **먼저 설명해 주세요.**

곱셈으로 계산하는 (진분수) ÷ (자연수) 내용을 그림과 말로 풀어내었습니다. 아이와 함께 따라 읽어 보면서, 분수의 나눗셈을 곱셈으로 나타내는 원리를 이해합니다.

❷ **수를 이해하며 계산해요.**

설명과 이어지는 그림을 이용하여 Day5에서 원리를 이해하며 문제를 풉니다.

❸ **충분히 연습해요.**

Day6 ~ Day8의 문제 풀이를 통해 ÷(자연수)와 × $\frac{1}{(자연수)}$ 이 같음을 이해하고, (진분수) ÷ (자연수)의 계산을 충분히 다루어 봅니다.

스스로 계획을 세워요!

	공부할 날짜	목표 시간	복습할 날짜
Day 05 (48)	월 / 일	분 / 16개	월 / 일
Day 06 (48)	월 / 일	분 / 16개	월 / 일
Day 07 (48)	월 / 일	분 / 36개	월 / 일
Day 08 (48)	월 / 일	분 / 37개	월 / 일

선생님의 칠판

$\frac{5}{6} \div 3$은 어떻게 계산하지?

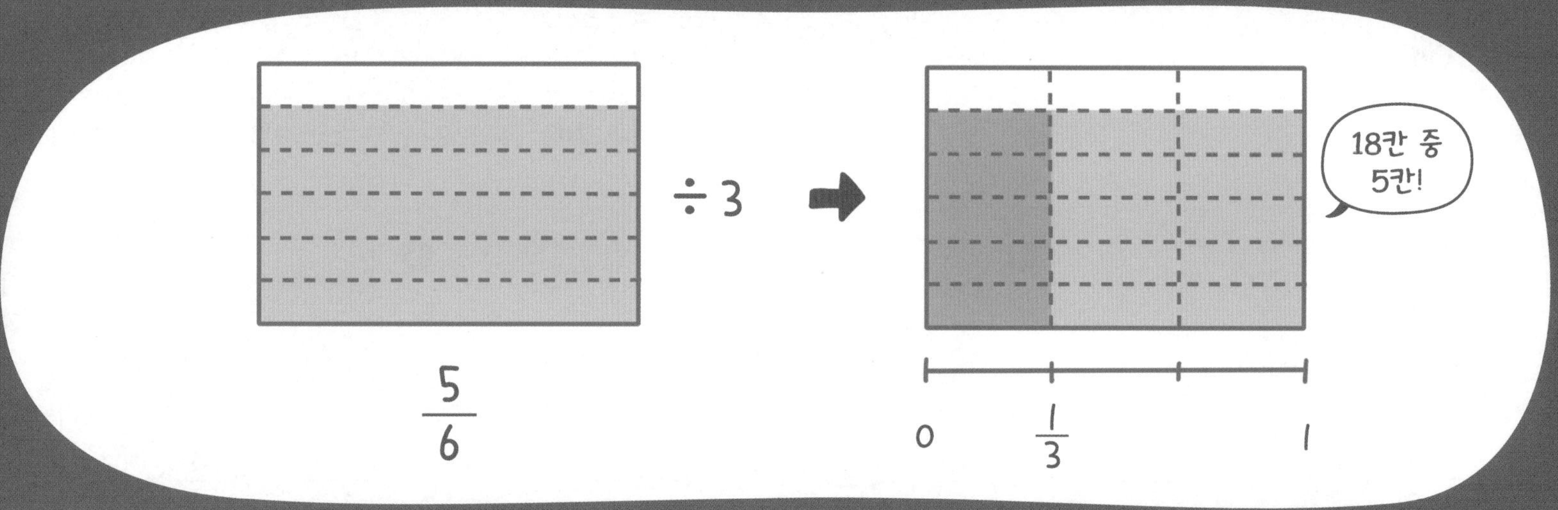

$\frac{5}{6} \div 3$은 $\frac{5}{6}$를 3등분 한 것 중 하나이므로

$\frac{5}{6} \div 3$은 $\frac{5}{6} \times \frac{1}{3}$과 같다고 볼 수 있어.

따라서 $\frac{5}{6} \div 3 = \frac{5}{6} \times \frac{1}{3} = \frac{5}{18}$로 계산해!

Day 05

진분수를 자연수로 나눈 값은 몇 등분을 한 것 중 하나를 의미해.

❶

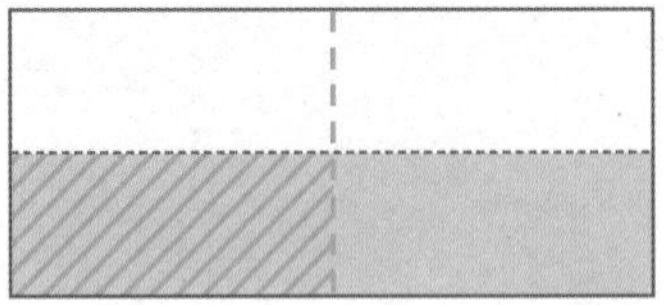

$\frac{1}{2} \div 2 = \frac{1}{2} \times \frac{1}{2} = \frac{\square}{\square}$

÷2는 2등분이니까 $\times\frac{1}{2}$과 같아.

❷

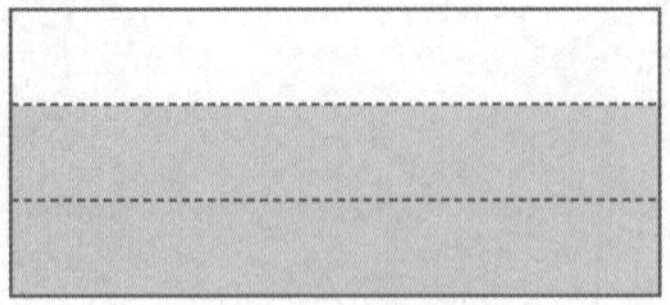

$\frac{2}{3} \div 3 = \frac{2}{3} \times \frac{\square}{\square} = \frac{\square}{\square}$

나누는 수만큼 나누고 몫만큼 색칠해 봐.

❸

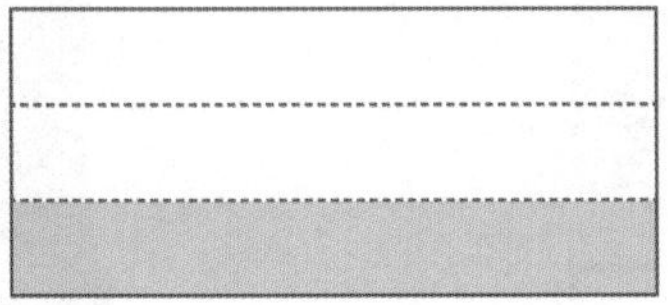

$\frac{1}{3} \div 4 = \frac{1}{3} \times \frac{\square}{\square} = \frac{\square}{\square}$

❹

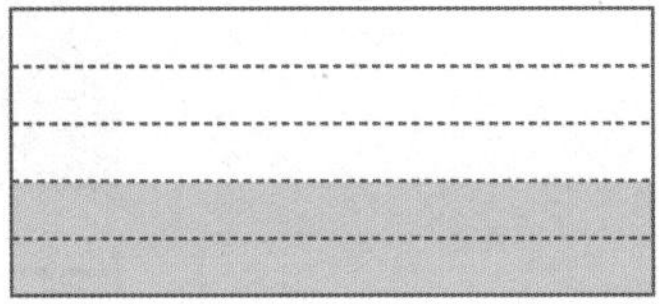

$\frac{2}{5} \div 3 = \frac{2}{5} \times \frac{\square}{\square} = \frac{\square}{\square}$

❺

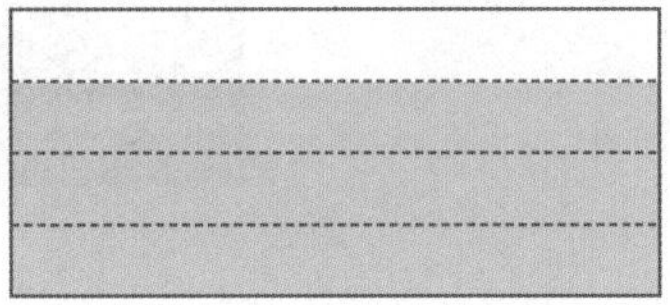

$\frac{3}{4} \div 2 = \frac{3}{4} \times \frac{\square}{\square} = \frac{\square}{\square}$

❻

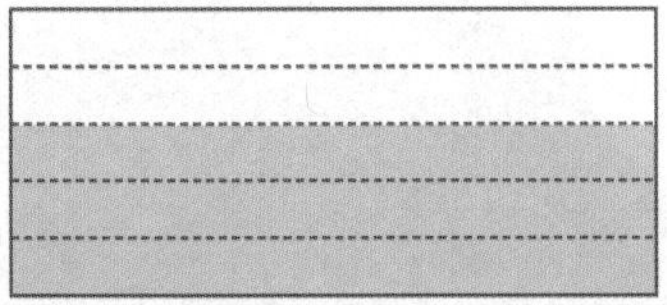

$\frac{3}{5} \div 4 = \frac{3}{5} \times \frac{\square}{\square} = \frac{\square}{\square}$

❼

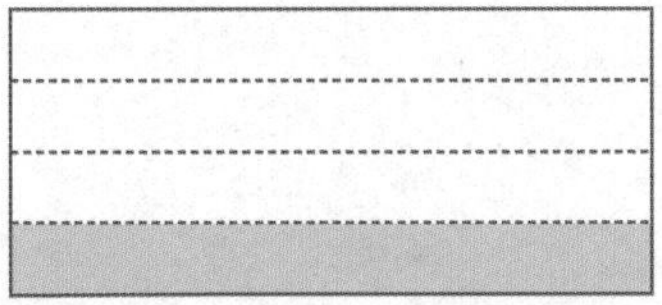

$\frac{1}{4} \div 3 = \frac{1}{4} \times \frac{\square}{\square} = \frac{\square}{\square}$

❽

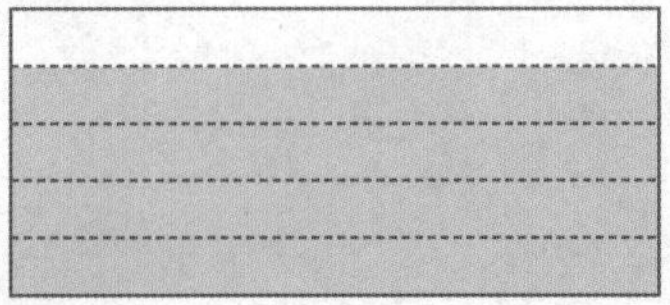

$\frac{4}{5} \div 5 = \frac{4}{5} \times \frac{\square}{\square} = \frac{\square}{\square}$

다른 방향으로도 칸을 나눠 보자.

❾ 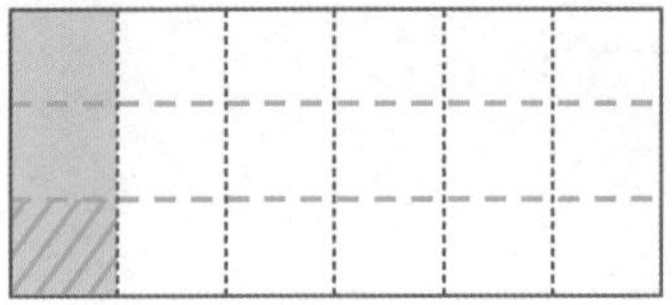

$$\frac{1}{6} \div 3 = \frac{1}{6} \times \frac{1}{3} = \frac{\square}{\square}$$

❿ 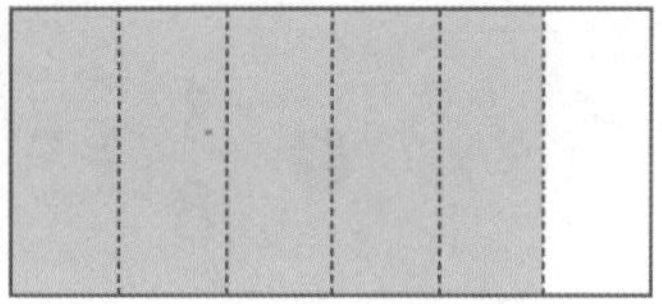

$$\frac{5}{6} \div 2 = \frac{5}{6} \times \frac{\square}{\square} = \frac{\square}{\square}$$

⓫ 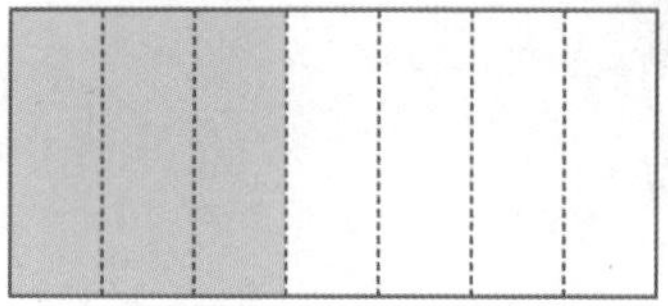

$$\frac{3}{7} \div 4 = \frac{3}{7} \times \frac{\square}{\square} = \frac{\square}{\square}$$

⓬ 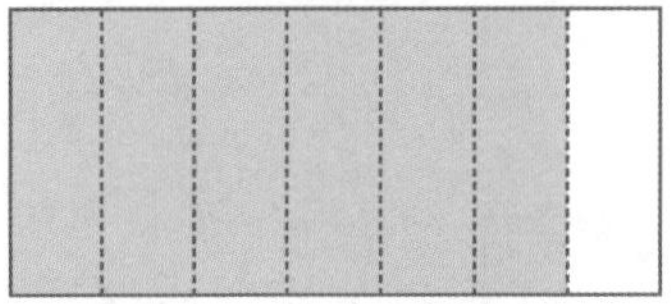

$$\frac{6}{7} \div 5 = \frac{6}{7} \times \frac{\square}{\square} = \frac{\square}{\square}$$

⓭ 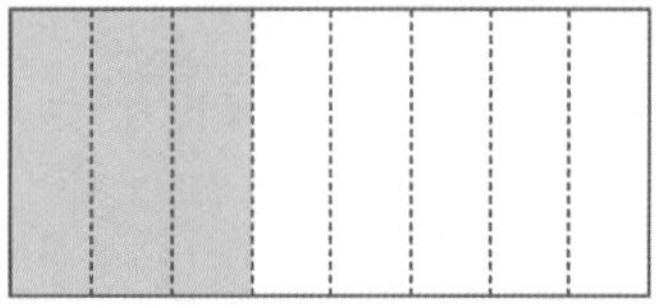

$$\frac{3}{8} \div 2 = \frac{3}{8} \times \frac{\square}{\square} = \frac{\square}{\square}$$

⓮ 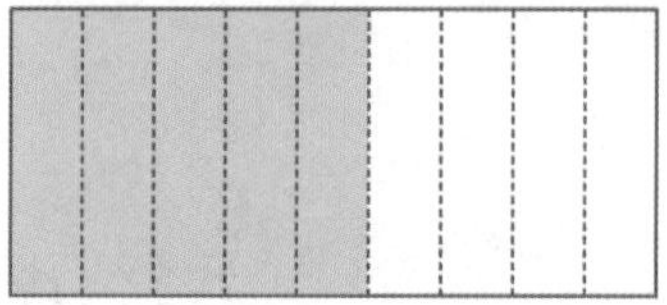

$$\frac{5}{9} \div 4 = \frac{5}{9} \times \frac{\square}{\square} = \frac{\square}{\square}$$

⓯ 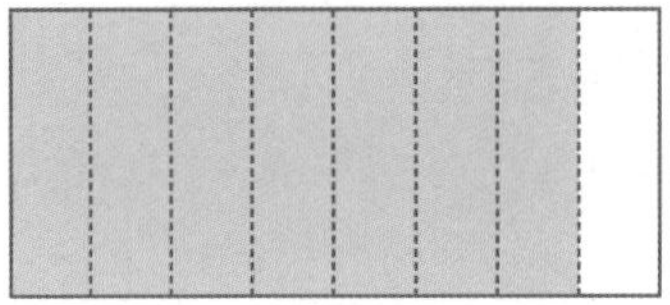

$$\frac{7}{8} \div 4 = \frac{7}{8} \times \frac{\square}{\square} = \frac{\square}{\square}$$

⓰ 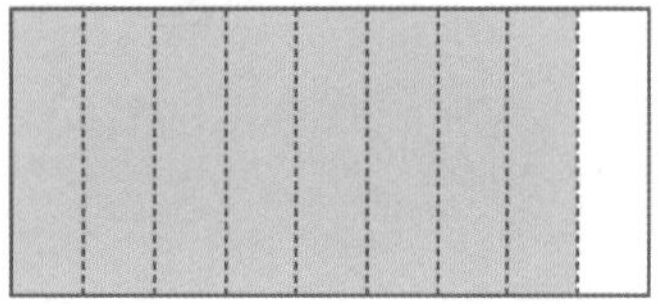

$$\frac{8}{9} \div 3 = \frac{8}{9} \times \frac{\square}{\square} = \frac{\square}{\square}$$

공부 끝!

맞힌 개수 /16개

부모님 확인

오늘의 숫자 **47**에 색칠하세요.

Day 06

(진분수)÷(자연수)는 자연수를 $\frac{1}{(자연수)}$로 바꾼 다음 곱해서 계산해.

(진분수)÷(자연수)를 계산할 때는

÷(자연수)를 $\times\frac{1}{(자연수)}$로 바꾸어 계산하면 돼.

$$\frac{5}{7}\div 10=\frac{\overset{1}{\cancel{5}}}{7}\times\frac{1}{\underset{2}{\cancel{10}}}=\frac{1}{14}$$

계산 과정에서 약분이 되면 약분해 줘.

❶ $\frac{1}{8}\div 3=\frac{1}{8}\times\frac{\square}{\square}=\square$

❷ $\frac{5}{6}\div 8=\frac{5}{6}\times\frac{\square}{\square}=\square$

❸ $\frac{3}{10}\div 7=\frac{3}{10}\times\frac{\square}{\square}=\square$

❹ $\frac{3}{4}\div 12=\frac{\overset{1}{\cancel{3}}}{4}\times\frac{\boxed{1}}{\boxed{\underset{4}{\cancel{12}}}}=\square$

약분이 될 때는 약분해 주기!

❺ $\frac{7}{8}\div 21=\frac{7}{8}\times\frac{\square}{\square}=\square$

❻ $\frac{6}{7}\div 10=\frac{6}{7}\times\frac{\square}{\square}=\square$

❼ $\frac{8}{9}\div 12=\frac{8}{9}\times\frac{\square}{\square}=\square$

⑧ $\frac{9}{10} \div 21 = \frac{\square}{\square} \times \frac{\square}{\square} = \square$

⑨ $\frac{6}{11} \div 4 = \frac{\square}{\square} \times \frac{\square}{\square} = \square$

⑩ $\frac{2}{9} \div 10 = \frac{\square}{\square} \times \frac{\square}{\square} = \square$

⑪ $\frac{9}{13} \div 10 = \frac{\square}{\square} \times \frac{\square}{\square} = \square$

⑫ $\frac{7}{17} \div 14 = \frac{\square}{\square} \times \frac{\square}{\square} = \square$

⑬ $\frac{15}{16} \div 9 = \frac{\square}{\square} \times \frac{\square}{\square} = \square$

⑭ $\frac{4}{13} \div 8 = \frac{\square}{\square} \times \frac{\square}{\square} = \square$

⑮ $\frac{14}{15} \div 10 = \frac{\square}{\square} \times \frac{\square}{\square} = \square$

⑯ $\frac{18}{19} \div 15 = \frac{\square}{\square} \times \frac{\square}{\square} = \square$

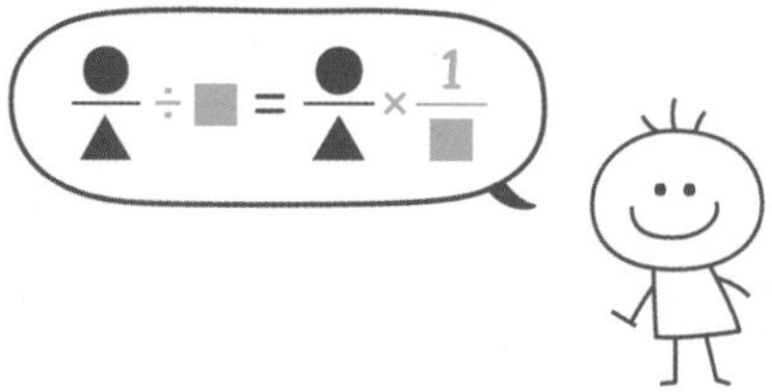

공부 끝!

맞힌 개수

/16개

부모님 확인

오늘의 숫자 **46**에 색칠하세요.

Day 07

÷(자연수)는 $\times \frac{1}{(자연수)}$ 과 같아.

❶ $\frac{1}{2} \div 7$

❷ $\frac{4}{5} \div 8$

❸ $\frac{4}{7} \div 6$

❹ $\frac{3}{10} \div 12$

❺ $\frac{1}{6} \div 9$

❻ $\frac{3}{4} \div 8$

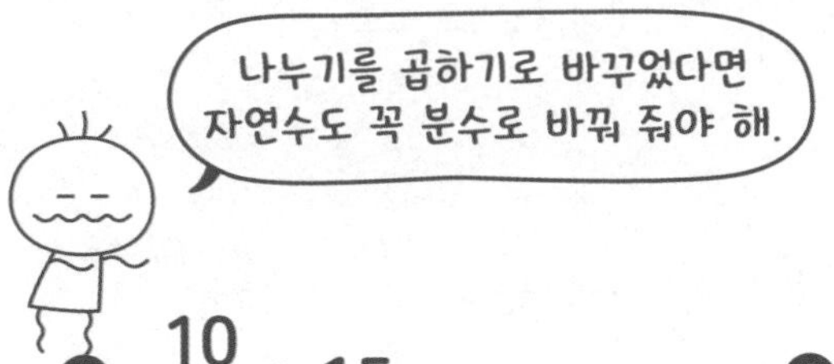

❼ $\frac{10}{11} \div 15$

❽ $\frac{4}{7} \div 14$

❾ $\frac{2}{3} \div 10$

❿ $\frac{8}{9} \div 18$

⓫ $\frac{12}{13} \div 6$

⓬ $\frac{8}{15} \div 6$

⓭ $\frac{9}{11} \div 15$

⓮ $\frac{7}{16} \div 14$

⓯ $\frac{11}{12} \div 7$

⓰ $\frac{9}{14} \div 27$

⓱ $\frac{11}{15} \div 22$

⓲ $\frac{7}{10} \div 28$

⑲ $\frac{1}{3} \div 9$

⑳ $\frac{5}{6} \div 25$

㉑ $\frac{3}{8} \div 18$

㉒ $\frac{1}{4} \div 11$

㉓ $\frac{4}{5} \div 14$

㉔ $\frac{4}{7} \div 20$

㉕ $\frac{10}{11} \div 8$

㉖ $\frac{5}{9} \div 45$

㉗ $\frac{3}{10} \div 24$

㉘ $\frac{6}{11} \div 30$

㉙ $\frac{11}{14} \div 4$

㉚ $\frac{3}{8} \div 15$

㉛ $\frac{10}{13} \div 45$

㉜ $\frac{9}{20} \div 21$

㉝ $\frac{13}{15} \div 26$

㉞ $\frac{7}{12} \div 28$

㉟ $\frac{17}{18} \div 34$

㊱ $\frac{10}{13} \div 22$

공부 끝!

맞힌 개수 /36개

부모님 확인

오늘의 숫자 **48**에 색칠하세요.

월 일 /10 분

Day 08

계산한 값은 기약분수로 나타내야 해.

❶ $\frac{4}{5} \div 10$

❷ $\frac{5}{7} \div 4$

❸ $\frac{8}{9} \div 14$

❹ $\frac{6}{7} \div 24$

❺ $\frac{4}{9} \div 16$

❻ $\frac{3}{5} \div 6$

❼ $\frac{4}{7} \div 9$

❽ $\frac{1}{10} \div 3$

❾ $\frac{4}{11} \div 6$

❿ $\frac{5}{13} \div 3$

⓫ $\frac{9}{14} \div 4$

⓬ $\frac{12}{17} \div 8$

⓭ $\frac{10}{11} \div 9$

⓮ $\frac{11}{14} \div 33$

⓯ $\frac{9}{11} \div 8$

⓰ $\frac{6}{19} \div 10$

⓱ $\frac{12}{13} \div 8$

⓲ $\frac{9}{16} \div 36$

⓳ $\frac{8}{15} \div 28$

⑳ $\frac{3}{5} \div 18$

㉑ $\frac{6}{7} \div 9$

㉒ $\frac{4}{9} \div 12$

㉓ $\frac{5}{6} \div 15$

㉔ $\frac{5}{8} \div 20$

㉕ $\frac{3}{4} \div 24$

㉖ $\frac{1}{3} \div 7$

㉗ $\frac{2}{7} \div 20$

㉘ $\frac{3}{11} \div 21$

㉙ $\frac{9}{10} \div 8$

㉚ $\frac{6}{11} \div 15$

㉛ $\frac{7}{15} \div 4$

㉜ $\frac{7}{12} \div 5$

㉝ $\frac{8}{11} \div 12$

㉞ $\frac{3}{10} \div 15$

㉟ $\frac{8}{15} \div 24$

㊱ $\frac{9}{16} \div 15$

㊲ $\frac{14}{19} \div 21$

공부 끝!

맞힌 개수 /37개

부모님 확인

오늘의 숫자 **50**에 색칠하세요.

연산 놀이터

부모님 확인

어항에는 식의 답이 맞는 물고기만 담을 수 있어!
사다리를 타고 내려가서 담을 수 있는 물고기에 ○표해 보자!

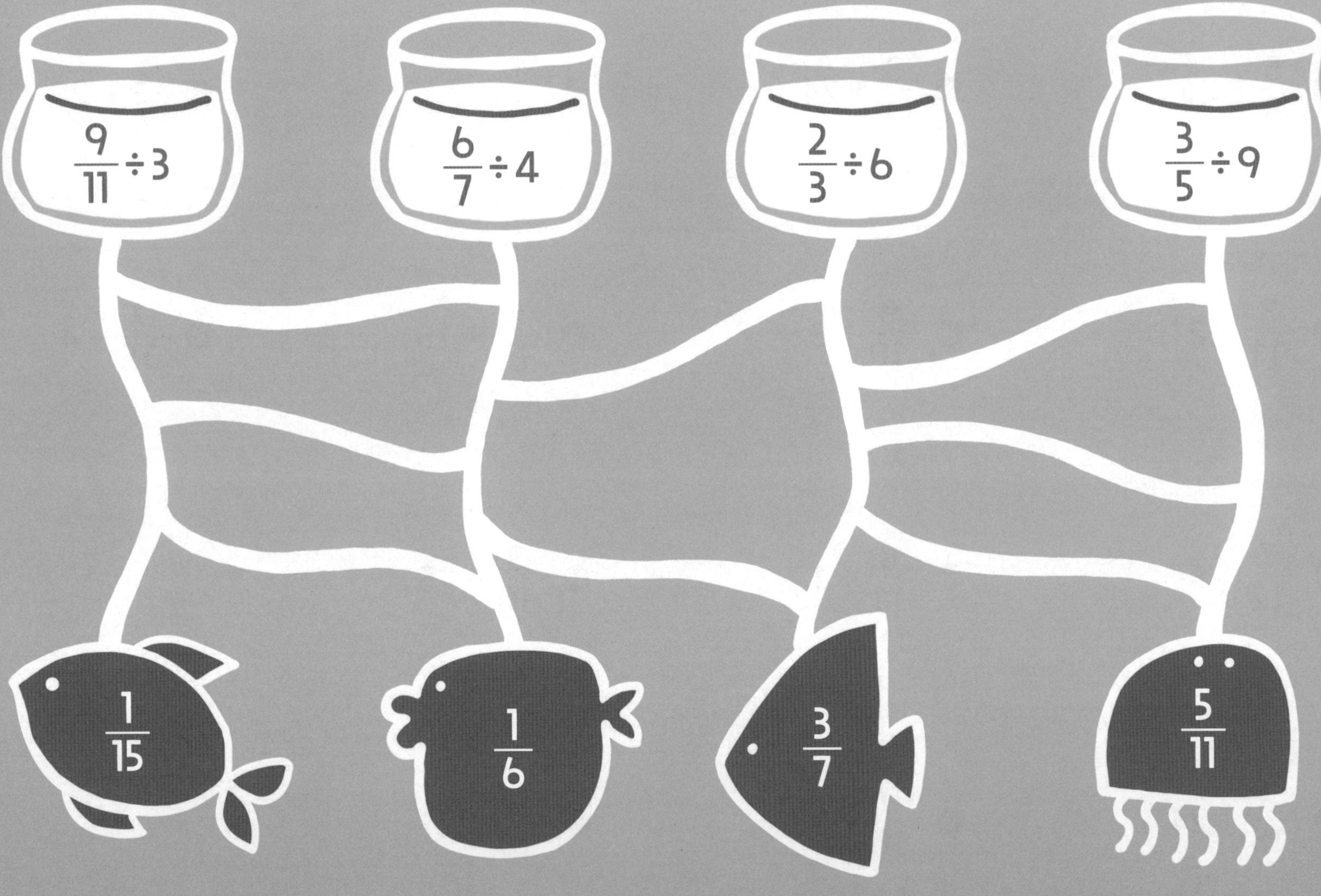

03

(가분수)÷(자연수), (대분수)÷(자연수)

이번에는 무엇을 배울까?

곱셈으로 계산하는 (진분수)÷(자연수)

(가분수)÷(자연수), (대분수)÷(자연수)

(진분수)÷(진분수)

이렇게 지도해요!

❶ 먼저 설명해 주세요.

(가분수)÷(자연수)와 (대분수)÷(자연수) 내용을 말로 풀어내었습니다. 아이와 함께 따라 읽어 보면서, 나누는 수가 자연수일 때 (분수)÷(자연수)의 계산 방법은 분수의 형태에 상관없이 같다는 것을 이해합니다.

❷ 수를 이해하며 계산해요.

설명과 이어지는 식을 이용하여 Day9와 Day10에서 원리를 이해하며 문제를 풉니다.

❸ 충분히 연습해요.

Day11 ~ Day13의 문제 풀이를 통해 나누는 수가 자연수인 분수의 나눗셈 알고리즘을 완벽하게 습득합니다.

스스로 계획을 세워요!

	공부할 날짜	목표 시간	복습할 날짜
Day 09 /48	월 / 일	분 / 17개	월 / 일
Day 10 /48	월 / 일	분 / 14개	월 / 일
Day 11 /48	월 / 일	분 / 36개	월 / 일
Day 12 /48	월 / 일	분 / 37개	월 / 일
Day 13 /48	월 / 일	분 / 36개	월 / 일

선생님의 칠판

$\frac{7}{4}$은 2로 어떻게 나눌까?

분자가 자연수로 나누어떨어지도록
바꾸어 계산할 수 있어!

$$\frac{7}{4} \div 2 = \frac{14}{8} \div 2 = \frac{14 \div 2}{8} = \frac{7}{8}$$

분수의 곱셈으로 바꾸어 계산할 수도 있어.

$$\frac{7}{4} \div 2 = \frac{7}{4} \times \frac{1}{2} = \frac{7}{8}$$

$1\frac{5}{6}$는 3으로 어떻게 나눌까?

분자가 자연수로 나누어떨어지도록
바꾸어 계산할 수 있어!

대분수는 가분수로

$$1\frac{5}{6} \div 3 = \frac{11}{6} \div 3 = \frac{33}{18} \div 3 = \frac{33 \div 3}{18} = \frac{11}{18}$$

분수의 곱셈으로 바꾸어 계산할 수도 있어.

$$1\frac{5}{6} \div 3 = \frac{11}{6} \div 3 = \frac{11}{6} \times \frac{1}{3} = \frac{11}{18}$$

Day 09

(가분수)÷(자연수)는 (진분수)÷(자연수)와 계산 방법이 같아.

나누어지는 수가 가분수일 때도
분자를 자연수로 나누어 계산할 수 있어.

$$\frac{10}{7} \div 5 = \frac{10 \div 5}{7} = \frac{2}{7}$$

÷(자연수)는 분자로,
분모는 그대로 분모로~.

❶ $\frac{5}{2} \div 5 = \frac{5 \boxed{\div 5}}{\boxed{2}} = \square$

❷ $\frac{8}{5} \div 4 = \frac{8 \square}{\square} = \square$

❸ $\frac{10}{3} \div 2 = \frac{10 \square}{\square} = \square$

❹ $\frac{11}{6} \div 11 = \frac{11 \square}{\square} = \square$

❺ $\frac{14}{9} \div 7 = \frac{14 \square}{\square} = \square$

❻ $\frac{15}{7} \div 3 = \frac{15 \square}{\square} = \square$

분자가 자연수로 나누어떨어지지 않으면
분자가 자연수의 배수가 되도록 분수를 바꿔 줘.

❼ $\frac{6}{5} \div 12 = \frac{\square}{10} \div 12 = \frac{\square}{10} = \square$

❽ $\frac{9}{8} \div 6 = \frac{\square}{16} \div 6 = \frac{\square}{16} = \square$

❾ $\frac{10}{7} \div 4 = \frac{\square}{\square} \div 4 = \frac{\square}{\square} = \square$

❿ $\frac{9}{5} \div 5 = \frac{\square}{\square} \div 5 = \frac{\square}{\square} = \square$

나누어지는 수가 가분수일 때도

÷(자연수)를 $\times \frac{1}{(\text{자연수})}$ 로 바꾸어 계산할 수 있어.

$$\frac{5}{4} \div 10 = \frac{\overset{1}{\cancel{5}}}{4} \times \frac{1}{\underset{2}{\cancel{10}}} = \frac{1}{8}$$

⓫ $\frac{4}{3} \div 8 = \frac{\overset{1}{\boxed{\cancel{4}}}}{\boxed{3}} \times \frac{\boxed{1}}{\underset{2}{\boxed{\cancel{8}}}} = \square$

⓬ $\frac{7}{5} \div 21 = \frac{\square}{\square} \times \frac{\square}{\square} = \square$

⓭ $\frac{25}{6} \div 5 = \frac{\square}{\square} \times \frac{\square}{\square} = \square$

⓮ $\frac{8}{7} \div 6 = \frac{\square}{\square} \times \frac{\square}{\square} = \square$

⓯ $\frac{15}{8} \div 10 = \frac{\square}{\square} \times \frac{\square}{\square} = \square$

⓰ $\frac{18}{11} \div 12 = \frac{\square}{\square} \times \frac{\square}{\square} = \square$

⓱ $\frac{10}{9} \div 8 = \frac{\square}{\square} \times \frac{\square}{\square} = \square$

공부 끝!

맞힌 개수 /17개

부모님 확인

오늘의 숫자 **52**에 색칠하세요.

월 일 /6 분

Day 10

대분수는 가분수로 바꾸어 계산하면 돼.

나누어지는 수가 대분수일 때는 가분수로 바꾸어
(가분수)÷(자연수)로 계산하면 돼.

$$1\frac{1}{7} \div 2 = \frac{8}{7} \div 2 = \frac{8 \div 2}{7} = \frac{4}{7}$$

❶ $3\frac{1}{3} \div 5 = \frac{\square}{3} \div 5 = \frac{\square}{3} = \square$

❷ $1\frac{1}{8} \div 3 = \frac{\square}{8} \div 3 = \frac{\square}{8} = \square$

❸ $1\frac{1}{6} \div 14 = \frac{\square}{6} \div 14 = \frac{\square}{12} \div 14 = \frac{\square}{\square} = \square$

❹ $3\frac{1}{2} \div 4 = \frac{\square}{2} \div 4 = \frac{\square}{\square} \div 4 = \frac{\square}{\square} = \square$

❺ $1\frac{3}{5} \div 12 = \frac{\square}{5} \div 12 = \frac{\square}{\square} \div 12 = \frac{\square}{\square} = \square$

대분수는 가분수로,

당연히 분수의 곱셈으로 바꾸어 풀 수도 있어.

❻ $1\frac{2}{5} \div 3 = \frac{7}{5} \times \frac{1}{3} = \square$

÷(자연수)는 $\times \frac{1}{(\text{자연수})}$ 로~.

❼ $1\frac{1}{4} \div 6 = \frac{\square}{\square} \times \frac{\square}{\square} = \square$

❽ $2\frac{1}{8} \div 4 = \frac{\square}{\square} \times \frac{\square}{\square} = \square$

❾ $3\frac{3}{4} \div 9 = \frac{\square}{\square} \times \frac{\square}{\square} = \square$

❿ $3\frac{2}{7} \div 4 = \frac{\square}{\square} \times \frac{\square}{\square} = \square$

⓫ $1\frac{3}{11} \div 21 = \frac{\square}{\square} \times \frac{\square}{\square} = \square$

⓬ $4\frac{1}{2} \div 3 = \frac{\square}{\square} \times \frac{\square}{\square} = \square$

⓭ $4\frac{7}{8} \div 13 = \frac{\square}{\square} \times \frac{\square}{\square} = \square$

⓮ $5\frac{2}{5} \div 9 = \frac{\square}{\square} \times \frac{\square}{\square} = \square$

공부 끝!

맞힌 개수

/14개

부모님 확인

오늘의 숫자 **53**에 색칠하세요.

월 일 /11 분

Day 11

나눗셈을 곱셈으로 바꾸어 계산할 때는 알맞게 바꾸었는지 확인해야 해.

❶ $\frac{9}{4} \div 3$

❷ $\frac{10}{9} \div 14$

❸ $\frac{16}{9} \div 8$

❹ $\frac{14}{5} \div 20$

❺ $\frac{9}{7} \div 15$

❻ $\frac{10}{3} \div 22$

❼ $\frac{11}{10} \div 7$

❽ $\frac{12}{11} \div 4$

❾ $\frac{16}{5} \div 18$

❿ $\frac{20}{11} \div 8$

⓫ $\frac{17}{14} \div 17$

⓬ $\frac{16}{15} \div 24$

⓭ $\frac{18}{17} \div 4$

⓮ $\frac{18}{13} \div 9$

⓯ $\frac{20}{19} \div 10$

⓰ $\frac{24}{17} \div 16$

⓱ $\frac{22}{21} \div 11$

⓲ $\frac{25}{18} \div 20$

⑲ $4\frac{2}{7} \div 10$

⑳ $2\frac{1}{5} \div 8$

㉑ $1\frac{3}{10} \div 4$

㉒ $3\frac{5}{9} \div 8$

㉓ $3\frac{4}{7} \div 10$

㉔ $2\frac{4}{9} \div 6$

㉕ $3\frac{2}{3} \div 8$

㉖ $2\frac{2}{11} \div 16$

㉗ $2\frac{1}{8} \div 3$

㉘ $6\frac{3}{8} \div 17$

㉙ $6\frac{1}{6} \div 7$

㉚ $2\frac{1}{12} \div 15$

㉛ $2\frac{2}{13} \div 7$

㉜ $1\frac{5}{16} \div 14$

㉝ $8\frac{4}{7} \div 6$

㉞ $1\frac{1}{15} \div 4$

㉟ $3\frac{3}{11} \div 9$

㊱ $1\frac{3}{17} \div 16$

공부 끝!

맞힌 개수

/36개

부모님 확인

오늘의 숫자 **54**에 색칠하세요.

Day 12

답을 쓸 때는
기약분수로 써야 해.

❶ $\frac{9}{2} \div 3$

❷ $\frac{8}{3} \div 10$

❸ $\frac{7}{6} \div 21$

❹ $\frac{5}{4} \div 15$

❺ $\frac{11}{8} \div 33$

❻ $\frac{12}{5} \div 8$

❼ $\frac{10}{7} \div 7$

❽ $\frac{13}{12} \div 4$

❾ $\frac{19}{14} \div 3$

❿ $\frac{20}{9} \div 4$

⓫ $\frac{23}{14} \div 3$

⓬ $\frac{21}{5} \div 7$

⓭ $\frac{20}{17} \div 12$

⓮ $\frac{25}{18} \div 5$

⓯ $\frac{22}{15} \div 10$

⓰ $\frac{27}{16} \div 24$

⓱ $\frac{24}{19} \div 6$

⓲ $\frac{26}{21} \div 13$

⓳ $\frac{27}{22} \div 9$

⑳ $1\frac{5}{8} \div 8$

㉑ $2\frac{4}{5} \div 11$

㉒ $1\frac{4}{9} \div 3$

㉓ $3\frac{3}{4} \div 10$

㉔ $1\frac{1}{9} \div 5$

㉕ $2\frac{5}{6} \div 3$

㉖ $2\frac{4}{7} \div 10$

㉗ $3\frac{1}{7} \div 11$

㉘ $3\frac{2}{11} \div 15$

㉙ $2\frac{3}{8} \div 9$

㉚ $1\frac{5}{12} \div 2$

㉛ $3\frac{8}{9} \div 5$

㉜ $5\frac{1}{9} \div 9$

㉝ $2\frac{2}{15} \div 8$

㉞ $3\frac{3}{10} \div 9$

㉟ $2\frac{7}{8} \div 23$

㊱ $4\frac{2}{9} \div 19$

㊲ $2\frac{5}{14} \div 11$

공부 끝!

맞힌 개수 /37개

부모님 확인

오늘의 숫자 **69**에 색칠하세요.

월 일 /11 분

Day 13

나누는 수가 자연수인 분수의 나눗셈은 분수가 어떤 모습이더라도 계산하는 방법이 같아.

❶ $\frac{7}{2} \div 14$

❷ $\frac{8}{3} \div 2$

❸ $\frac{6}{5} \div 18$

❹ $\frac{5}{3} \div 15$

❺ $\frac{7}{4} \div 8$

❻ $\frac{11}{8} \div 3$

❼ $\frac{13}{6} \div 26$

❽ $\frac{11}{7} \div 10$

❾ $\frac{14}{9} \div 20$

❿ $\frac{15}{14} \div 21$

⓫ $\frac{15}{11} \div 30$

⓬ $\frac{18}{13} \div 27$

⓭ $\frac{19}{15} \div 3$

⓮ $\frac{22}{17} \div 4$

⓯ $\frac{21}{16} \div 12$

⓰ $\frac{27}{19} \div 18$

⓱ $\frac{21}{20} \div 15$

⓲ $\frac{25}{16} \div 10$

⑲ $1\frac{2}{3} \div 7$

⑳ $2\frac{1}{6} \div 26$

㉑ $1\frac{2}{9} \div 10$

㉒ $3\frac{1}{3} \div 15$

㉓ $2\frac{2}{9} \div 8$

㉔ $2\frac{2}{7} \div 12$

㉕ $4\frac{1}{6} \div 30$

㉖ $3\frac{3}{5} \div 9$

㉗ $3\frac{1}{2} \div 14$

㉘ $2\frac{8}{9} \div 4$

㉙ $5\frac{3}{7} \div 19$

㉚ $7\frac{1}{2} \div 3$

㉛ $2\frac{7}{9} \div 5$

㉜ $1\frac{7}{8} \div 6$

㉝ $2\frac{1}{12} \div 20$

㉞ $1\frac{2}{13} \div 5$

㉟ $2\frac{2}{15} \div 16$

㊱ $6\frac{2}{9} \div 8$

공부 끝!

맞힌 개수

/36개

부모님 확인

오늘의 숫자 **68**에 색칠하세요.

연산 놀이터

부모님 확인

열쇠를 어디에 두었지?
식을 계산해 암호문을 풀어 열쇠가 있는 방을 찾아 색칠해 보자.

$2\frac{3}{4}\div4$	$1\frac{1}{6}\div2$	$\frac{9}{2}\div3$
$8\frac{2}{5}\div7$	$\frac{10}{9}\div2$	$\frac{8}{5}\div6$

$\frac{4}{15}$ 곳	$1\frac{1}{2}$ 이	$\frac{5}{9}$ 는
$\frac{11}{16}$ 이	$1\frac{1}{5}$ 없	$\frac{7}{12}$ 음

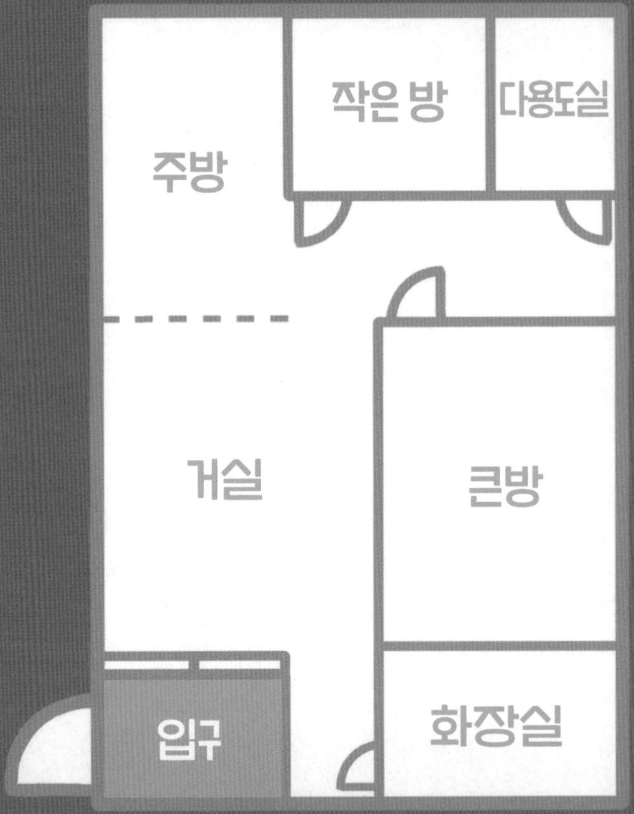

04

(진분수) ÷ (진분수)

이번에는 무엇을 배울까?

(가분수) ÷ (자연수),
(대분수) ÷ (자연수)

(진분수) ÷ (진분수)

(자연수) ÷ (진분수)

이렇게 지도해요!

❶ 먼저 설명해 주세요.

그림과 말로 풀어낸 (진분수) ÷ (진분수) 내용을 아이와 함께 따라 읽어 보면서, 나누는 수가 진분수인 나눗셈의 기초적인 개념을 이해합니다.

❷ 수를 이해하며 계산해요.

설명과 이어지는 그림을 이용하여 Day14에서 원리를 이해하며 문제를 풉니다.

❸ 충분히 연습해요.

Day15 ~ Day17의 문제 풀이를 통해 나누는 수가 진분수일 때 통분하거나 분수의 곱셈으로 바꾸어 계산하는 과정을 이해하고, 문제를 충분히 다루어 봅니다.

스스로 계획을 세워요!

	공부할 날짜	목표 시간	복습할 날짜
Day 14 (48)	월 / 일	분 / 15개	월 / 일
Day 15 (48)	월 / 일	분 / 12개	월 / 일
Day 16 (48)	월 / 일	분 / 36개	월 / 일
Day 17 (48)	월 / 일	분 / 36개	월 / 일

선생님의 칠판

$\frac{4}{5} \div \frac{2}{5}$는 어떻게 계산할까?

$\frac{4}{5}$는 $\frac{1}{5}$이 4개!

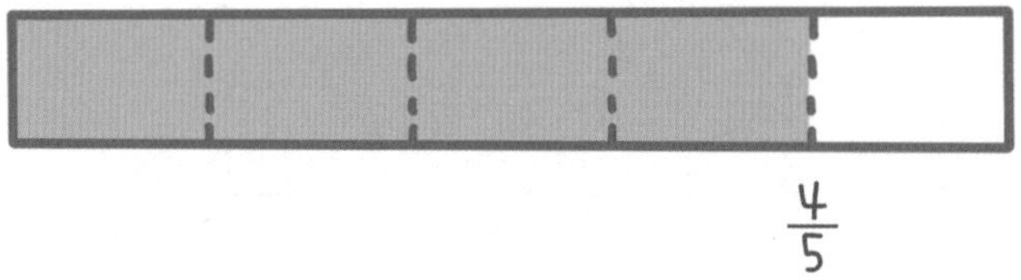

$\frac{2}{5}$는 $\frac{1}{5}$이 2개니까

2개씩 묶으면 2묶음이 돼!

$$\frac{4}{5} \div \frac{2}{5} = 4 \div 2 = 2$$

$\frac{2}{3} \div \frac{1}{6}$은 어떻게 계산할까?

$\frac{2}{3}$를 $\frac{1}{6}$과 통분하면 $\frac{4}{6}$가 돼!

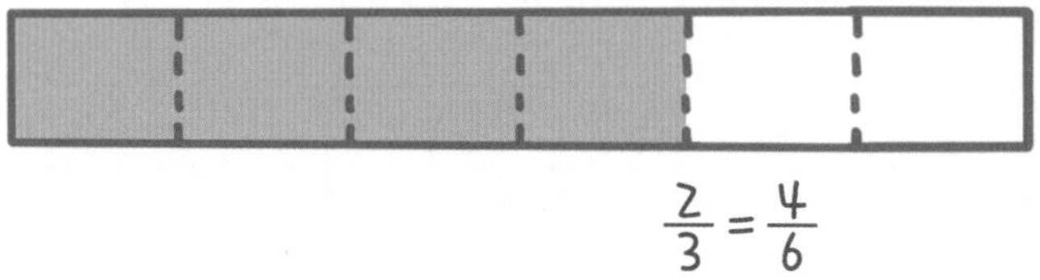

$\frac{4}{6}$는 $\frac{1}{6}$씩 4묶음이지!

$$\frac{2}{3} \div \frac{1}{6} = \frac{4}{6} \div \frac{1}{6}$$

$$= 4 \div 1 = 4$$

월 일 /8 분

Day 14

분모가 같은 진분수의 나눗셈은 분자끼리 나누면 돼.

나누는 수만큼씩 묶어 볼까?

❶

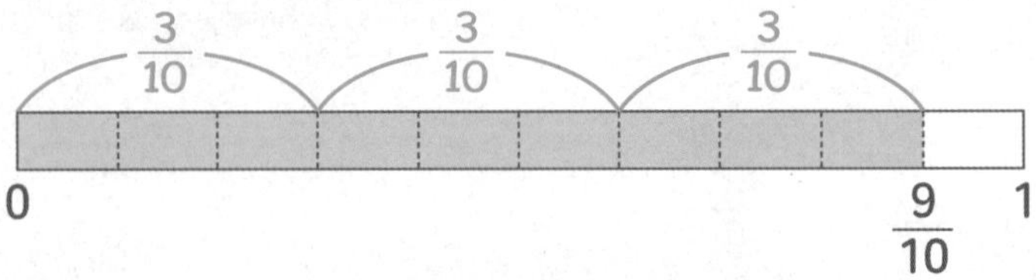

→ $\frac{9}{10} \div \frac{3}{10} =$ 9 $\div$ 3 $=$ ☐ ← $\frac{1}{10}$이 3개씩 몇 묶음인지 생각해 봐.

❷

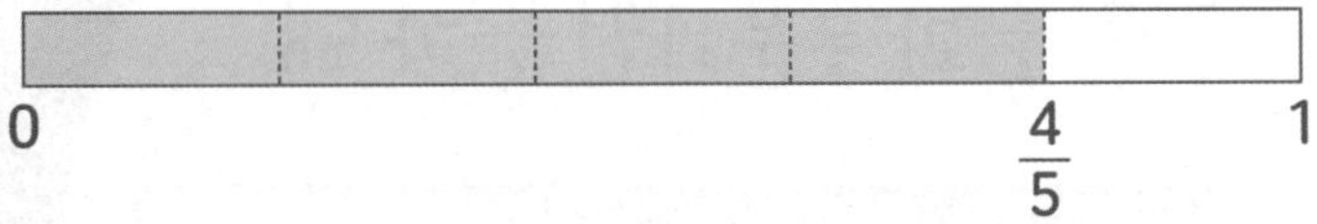

→ $\frac{4}{5} \div \frac{2}{5} =$ ☐ $\div$ ☐ $=$ ☐

❸

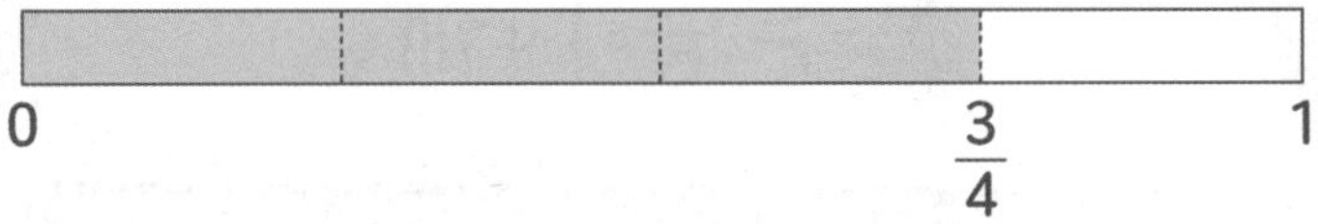

→ $\frac{3}{4} \div \frac{1}{4} =$ ☐ $\div$ ☐ $=$ ☐

❹

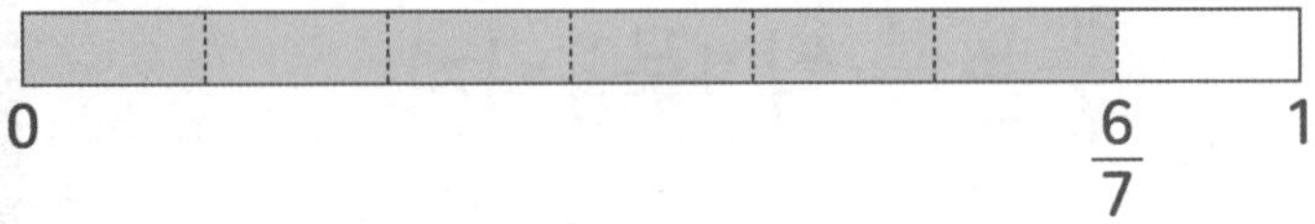

→ $\frac{6}{7} \div \frac{3}{7} =$ ☐ $\div$ ☐ $=$ ☐

❺

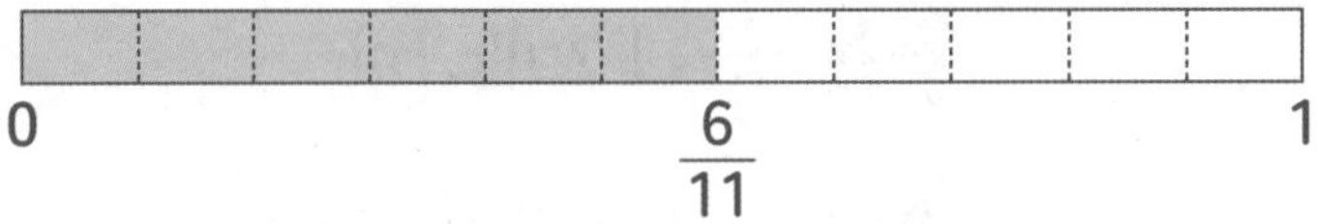

→ $\frac{6}{11} \div \frac{2}{11} =$ ☐ $\div$ ☐ $=$ ☐

❻

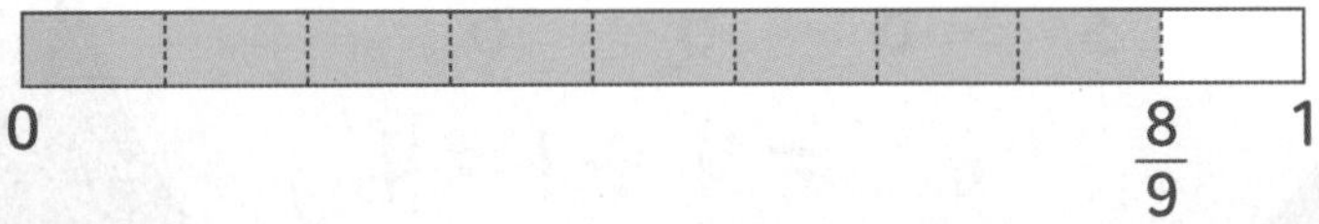

→ $\frac{8}{9} \div \frac{2}{9} =$ ☐ $\div$ ☐ $=$ ☐

❼

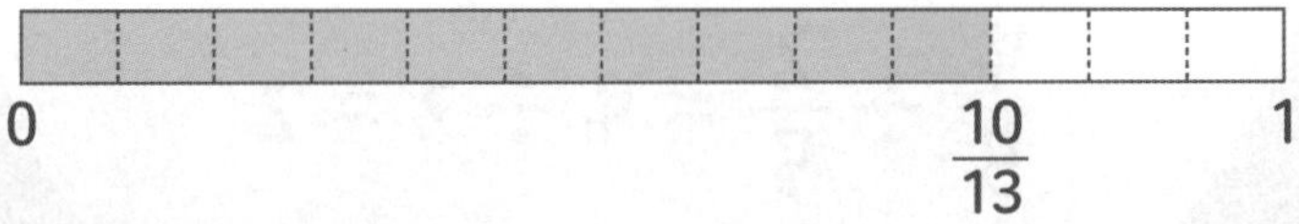

→ $\frac{10}{13} \div \frac{5}{13} =$ ☐ $\div$ ☐ $=$ ☐

분모가 같은 진분수가
분자끼리 나누어떨어지지 않을 때에는
몫을 분수로 나타내면 돼.

(자연수)÷(자연수)와 같군!

❽ $\frac{4}{5} \div \frac{3}{5} = \boxed{4} \div \boxed{3} = \square$

❾ $\frac{5}{7} \div \frac{2}{7} = \square \div \square = \square$

❿ $\frac{7}{8} \div \frac{4}{8} = \square \div \square = \square$

⓫ $\frac{7}{9} \div \frac{2}{9} = \square \div \square = \square$

⓬ $\frac{6}{11} \div \frac{5}{11} = \square \div \square = \square$

⓭ $\frac{3}{8} \div \frac{5}{8} = \square \div \square = \square$

⓮ $\frac{4}{13} \div \frac{11}{13} = \square \div \square = \square$

⓯ $\frac{8}{11} \div \frac{9}{11} = \square \div \square = \square$

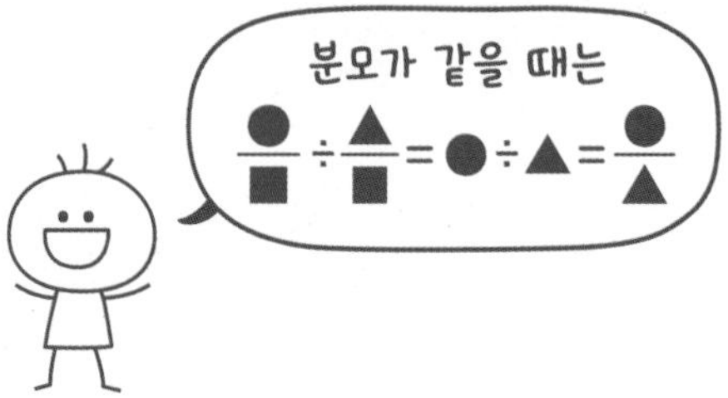

공부 끝!

맞힌 개수

/15개

부모님 확인

오늘의 숫자 **75**에 색칠하세요.

Day 15

두 진분수의 분모가 다를 때는 두 분수를 통분해서 계산해 봐.

$\frac{3}{5} \div \frac{1}{3} = \frac{9}{15} \div \frac{5}{15}$ 두 분수를 분모의 최소공배수로 통분해서

$= 9 \div 5$ 분자끼리 나누고

$= \frac{9}{5} = 1\frac{4}{5}$ 몫을 기약분수로 나타내.

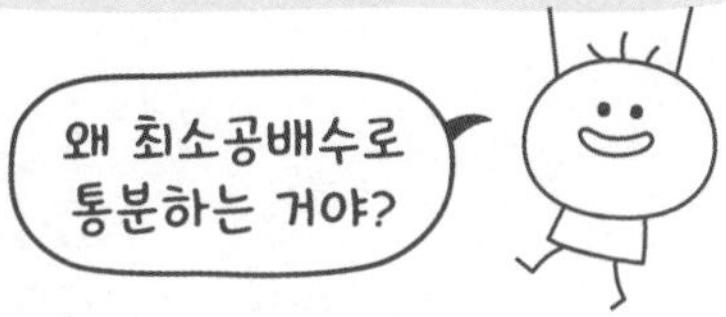

❶ $\frac{2}{3} \div \frac{1}{2} = \frac{\square}{6} \div \frac{\square}{6} = \square \div \square = \square$

3과 2의 최소공배수는? 6!

❷ $\frac{4}{5} \div \frac{2}{3} = \frac{\square}{\square} \div \frac{\square}{\square} = \square \div \square = \square$

❸ $\frac{5}{6} \div \frac{1}{4} = \frac{\square}{\square} \div \frac{\square}{\square} = \square \div \square = \square$

❹ $\frac{11}{12} \div \frac{5}{8} = \frac{\square}{\square} \div \frac{\square}{\square} = \square \div \square = \square$

❺ $\frac{7}{15} \div \frac{5}{6} = \frac{\square}{\square} \div \frac{\square}{\square} = \square \div \square = \square$

(분수)÷(분수)는 분수의 곱셈으로 나타낼 수 있어.

(분수)÷(분수)는
❶÷를 ×로 바꾸고, ❷나누는 수의 분자와 분모를 바꾸어
분수의 곱셈으로 나타낼 수 있어.

$$\frac{5}{7} \div \frac{3}{4} = \frac{5}{7} \times \frac{4}{3} = \frac{20}{21}$$

❻ $\frac{2}{3} \div \frac{3}{5} = \frac{2}{3} \times \frac{5}{3} = \square$

$\frac{3}{5}$의 분자와 분모를 바꿔 봐.

❼ $\frac{5}{6} \div \frac{2}{5} = \frac{5}{6} \times \frac{\square}{\square} = \square$

❽ $\frac{8}{9} \div \frac{3}{7} = \frac{\square}{\square} \times \frac{\square}{\square} = \square$

❾ $\frac{5}{7} \div \frac{7}{10} = \frac{5}{7} \times \frac{\square}{\square} = \square$

❿ $\frac{3}{4} \div \frac{1}{6} = \frac{\square}{\square} \times \frac{\square}{\square} = \square$

약분이 될 때는 약분하기!

⓫ $\frac{5}{8} \div \frac{5}{9} = \frac{\square}{\square} \times \frac{\square}{\square} = \square$

⓬ $\frac{9}{13} \div \frac{6}{11} = \frac{\square}{\square} \times \frac{\square}{\square} = \square$

공부 끝!

맞힌 개수 /12개

부모님 확인

오늘의 숫자 74에 색칠하세요.

Day 16

두 분수의 형태에 따라 적절하게 식을 바꾸어 계산해 봐.

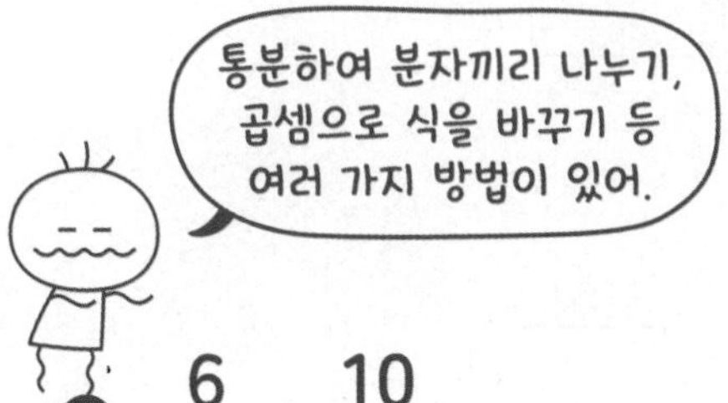

$\frac{5}{6} \div \frac{1}{2} = \frac{5}{6} \times 2$이므로 약분할 때 주의!

❶ $\frac{5}{6} \div \frac{1}{2}$

❷ $\frac{5}{9} \div \frac{2}{9}$

❸ $\frac{4}{7} \div \frac{1}{3}$

❹ $\frac{3}{10} \div \frac{1}{5}$

❺ $\frac{5}{8} \div \frac{1}{20}$

❻ $\frac{3}{10} \div \frac{14}{15}$

❼ $\frac{6}{13} \div \frac{10}{13}$

❽ $\frac{9}{14} \div \frac{1}{21}$

❾ $\frac{5}{16} \div \frac{3}{14}$

❿ $\frac{3}{11} \div \frac{9}{11}$

⓫ $\frac{16}{17} \div \frac{4}{17}$

⓬ $\frac{12}{23} \div \frac{10}{11}$

⓭ $\frac{7}{19} \div \frac{3}{7}$

⓮ $\frac{15}{22} \div \frac{9}{22}$

⓯ $\frac{2}{21} \div \frac{11}{15}$

⓰ $\frac{14}{19} \div \frac{18}{19}$

⓱ $\frac{21}{22} \div \frac{7}{22}$

⓲ $\frac{6}{23} \div \frac{3}{20}$

⑲ $\frac{6}{7} \div \frac{3}{4}$

⑳ $\frac{3}{5} \div \frac{1}{5}$

㉑ $\frac{1}{4} \div \frac{3}{7}$

㉒ $\frac{9}{10} \div \frac{7}{10}$

㉓ $\frac{12}{13} \div \frac{5}{13}$

㉔ $\frac{4}{9} \div \frac{1}{6}$

㉕ $\frac{5}{18} \div \frac{15}{18}$

㉖ $\frac{10}{13} \div \frac{5}{7}$

㉗ $\frac{5}{8} \div \frac{5}{8}$

㉘ $\frac{3}{11} \div \frac{5}{14}$

㉙ $\frac{9}{14} \div \frac{2}{3}$

㉚ $\frac{6}{17} \div \frac{12}{17}$

㉛ $\frac{9}{16} \div \frac{15}{16}$

㉜ $\frac{4}{19} \div \frac{8}{15}$

㉝ $\frac{18}{23} \div \frac{2}{5}$

㉞ $\frac{21}{25} \div \frac{7}{20}$

㉟ $\frac{16}{23} \div \frac{2}{23}$

㊱ $\frac{20}{21} \div \frac{15}{24}$

공부 끝!

맞힌 개수

/36개

부모님 확인

오늘의 숫자 **96**에 색칠하세요.

Day 17

나누는 수가 분수일 때도 계산한 값은 약분하여 기약분수로 나타내.

❶ $\frac{3}{5} \div \frac{2}{5}$

❷ $\frac{4}{7} \div \frac{5}{6}$

❸ $\frac{2}{7} \div \frac{4}{5}$

❹ $\frac{5}{6} \div \frac{1}{6}$

❺ $\frac{3}{8} \div \frac{2}{5}$

❻ $\frac{2}{9} \div \frac{4}{9}$

❼ $\frac{12}{13} \div \frac{6}{7}$

❽ $\frac{8}{11} \div \frac{2}{11}$

❾ $\frac{6}{17} \div \frac{16}{17}$

❿ $\frac{15}{19} \div \frac{5}{7}$

⓫ $\frac{14}{15} \div \frac{7}{15}$

⓬ $\frac{16}{21} \div \frac{10}{21}$

⓭ $\frac{12}{25} \div \frac{12}{13}$

⓮ $\frac{11}{14} \div \frac{22}{25}$

⓯ $\frac{11}{23} \div \frac{22}{23}$

⓰ $\frac{11}{21} \div \frac{10}{11}$

⓱ $\frac{27}{28} \div \frac{21}{28}$

⓲ $\frac{19}{25} \div \frac{8}{15}$

⑲ $\frac{6}{7} \div \frac{4}{7}$

⑳ $\frac{8}{9} \div \frac{4}{9}$

㉑ $\frac{3}{4} \div \frac{8}{9}$

㉒ $\frac{8}{11} \div \frac{3}{11}$

㉓ $\frac{1}{9} \div \frac{5}{9}$

㉔ $\frac{9}{14} \div \frac{3}{17}$

㉕ $\frac{15}{16} \div \frac{5}{6}$

㉖ $\frac{10}{13} \div \frac{2}{13}$

㉗ $\frac{13}{15} \div \frac{4}{11}$

㉘ $\frac{7}{17} \div \frac{3}{17}$

㉙ $\frac{7}{10} \div \frac{1}{10}$

㉚ $\frac{16}{21} \div \frac{2}{7}$

㉛ $\frac{25}{27} \div \frac{5}{27}$

㉜ $\frac{10}{19} \div \frac{15}{17}$

㉝ $\frac{19}{24} \div \frac{11}{16}$

㉞ $\frac{15}{26} \div \frac{9}{13}$

㉟ $\frac{9}{31} \div \frac{18}{23}$

㊱ $\frac{12}{25} \div \frac{5}{9}$

공부 끝!

맞힌 개수 /36개

부모님 확인

오늘의 숫자 **94**에 색칠하세요.

연산 놀이터

휴대 전화의 패턴을 풀어 볼까?
식을 계산한 값이 점점 작아지도록 이으면 패턴을 알 수 있어!

부모님 확인

시작!

$\frac{8}{9} \div \frac{2}{15}$	$\frac{5}{6} \div \frac{5}{12}$	$\frac{9}{10} \div \frac{3}{4}$
$\frac{3}{5} \div \frac{1}{10}$	$\frac{10}{11} \div \frac{4}{11}$	$\frac{8}{9} \div \frac{2}{9}$
$\frac{11}{13} \div \frac{2}{13}$	$\frac{2}{3} \div \frac{2}{13}$	$\frac{5}{9} \div \frac{1}{6}$

05

(자연수)÷(진분수)

이번에는 무엇을 배울까?

(진분수)÷(진분수)

(자연수)÷(진분수)

(가분수)÷(진분수),
(대분수)÷(진분수)

이렇게 지도해요!

스스로 계획을 세워요!

❶ 먼저 설명해 주세요.

그림과 말로 풀어낸 (자연수) ÷ (진분수) 내용을 아이와 함께 따라 읽어 보면서, 분수식의 형태를 바꾸어 나눗셈을 하는 과정을 이해합니다.

❷ 수를 이해하며 계산해요.

설명과 이어지는 식을 이용하여 Day18에서 원리를 이해하며 문제를 풉니다.

❸ 충분히 연습해요.

Day19, Day20의 문제 풀이를 통해 나누어지는 수가 자연수인 분수의 나눗셈에서 식의 형태를 적절하게 바꾸어 계산하는 과정을 학습합니다.

	공부할 날짜	목표 시간	복습할 날짜
Day 18 (48)	월 / 일	분 / 15개	월 / 일
Day 19 (48)	월 / 일	분 / 36개	월 / 일
Day 20 (48)	월 / 일	분 / 36개	월 / 일

선생님의 칠판

$8 \div \frac{2}{3}$ 는 어떻게 계산할까?

8을 2등분 한 것 중 하나는 4야.

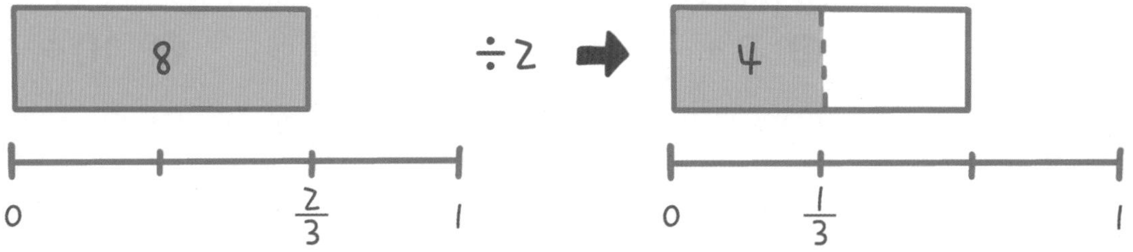

$\frac{1}{3}$만큼이 4라면, 1만큼은 4를 3번 곱한 거야.

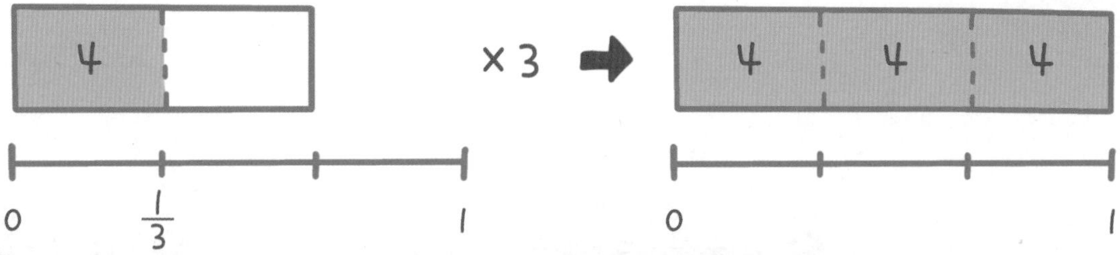

$$8 \div \frac{2}{3} = (8 \div 2) \times 3 = 12$$

Day 18

(자연수)÷(진분수)는 식의 형태를 바꾸어 계산해야 해.

자연수를 분수의 분자로 나눈 다음 분모를 곱해서 계산해.

분자는 나누고

$10 \div \frac{3}{5} = (10 \div 3) \times 5$

분모는 곱해 줘.

$= \frac{10}{3} \times 5 = \frac{50}{3} = 16\frac{2}{3}$

결론! ● ÷ ▲/■ = (● ÷ ▲) × ■

❶ $6 \div \frac{3}{4} = (6 \div \square) \times \square$
$= \square$

❷ $7 \div \frac{1}{4} = (7 \div \square) \times \square$
$= \square$

❸ $8 \div \frac{4}{9} = (8 \div \square) \times \square$
$= \square$

❹ $10 \div \frac{5}{6} = (10 \div \square) \times \square$
$= \square$

❺ $2 \div \frac{5}{7} = (2 \div \square) \times \square$
$= \square$

❻ $7 \div \frac{6}{13} = (7 \div \square) \times \square$
$= \square$

❼ $3 \div \frac{9}{11} = (3 \div \square) \times \square$
$= \square$

❽ $4 \div \frac{6}{7} = (4 \div \square) \times \square$
$= \square$

❾ $10 \div \frac{8}{9} = (10 \div \square) \times \square$
$= \square$

자연수를 가분수로 바꾸거나, 나눗셈을 곱셈으로 바꾸어 계산할 수도 있어.

자연수를 분수와 분모가 같은 가분수로 나타내 나눌 수 있어.

$$10 \div \frac{3}{5} = \frac{10 \times 5}{5} \div \frac{3}{5} = 50 \div 3 = \frac{50}{3} = 16\frac{2}{3}$$

분수의 분모와 분자를 바꾸어 곱셈으로 바꿀 수도 있어.

$$10 \div \frac{3}{5} = 10 \times \frac{5}{3} = \frac{50}{3} = 16\frac{2}{3}$$

분수의 분모가 7이니까 3을 분모가 7인 가분수로 바꿔 봐.

⑩ $3 \div \frac{4}{7} = \frac{\square}{7} \div \frac{\square}{\square} = \square \div \square = \square$

⑪ $5 \div \frac{3}{5} = \frac{\square}{5} \div \frac{\square}{\square} = \square \div \square = \square$

⑫ $8 \div \frac{6}{11} = \frac{\square}{11} \div \frac{\square}{\square} = \square \div \square = \square$

곱셈으로 바꿀 때는 나누는 수의 분모와 분자를 바꿔 줘.

⑬ $9 \div \frac{3}{10} = \square \times \frac{\square}{\square} = \square$

⑭ $4 \div \frac{12}{13} = \square \times \frac{\square}{\square} = \square$

⑮ $15 \div \frac{10}{11} = \square \times \frac{\square}{\square} = \square$

공부 끝!

맞힌 개수

/15개

부모님 확인

오늘의 숫자 93에 색칠하세요.

월 일 /27 분

Day 19

두 수의 형태에 따라 적절하게 식을 바꾸어 계산해 봐.

❶ $4 \div \frac{5}{9}$

❷ $6 \div \frac{2}{5}$

❸ $2 \div \frac{5}{13}$

❹ $5 \div \frac{8}{11}$

❺ $15 \div \frac{2}{7}$

❻ $12 \div \frac{14}{15}$

❼ $15 \div \frac{12}{17}$

❽ $10 \div \frac{20}{21}$

❾ $9 \div \frac{9}{14}$

❿ $14 \div \frac{8}{9}$

⓫ $20 \div \frac{4}{5}$

⓬ $15 \div \frac{6}{7}$

⓭ $21 \div \frac{9}{10}$

⓮ $18 \div \frac{6}{7}$

⓯ $14 \div \frac{8}{13}$

⓰ $24 \div \frac{4}{5}$

⓱ $28 \div \frac{4}{9}$

⓲ $45 \div \frac{6}{11}$

⑲ $4 \div \frac{7}{8}$

⑳ $2 \div \frac{10}{13}$

㉑ $10 \div \frac{5}{9}$

㉒ $6 \div \frac{16}{19}$

㉓ $12 \div \frac{5}{6}$

㉔ $6 \div \frac{13}{15}$

㉕ $14 \div \frac{4}{5}$

㉖ $18 \div \frac{3}{11}$

㉗ $15 \div \frac{2}{3}$

㉘ $9 \div \frac{18}{23}$

㉙ $20 \div \frac{6}{7}$

㉚ $30 \div \frac{5}{6}$

㉛ $36 \div \frac{9}{10}$

㉜ $16 \div \frac{14}{15}$

㉝ $18 \div \frac{4}{7}$

㉞ $20 \div \frac{4}{9}$

㉟ $27 \div \frac{3}{4}$

㊱ $25 \div \frac{15}{17}$

공부 끝!

맞힌 개수 /36개

부모님 확인

오늘의 숫자 **79**에 색칠하세요.

Day 20

나누어지는 수에 상관없이 나누는 수가 분수일 때는 분모와 분자를 바꾸어 곱할 수 있어.

❶ $5 \div \frac{15}{17}$

❷ $6 \div \frac{9}{10}$

❸ $9 \div \frac{2}{3}$

❹ $6 \div \frac{7}{10}$

❺ $12 \div \frac{10}{11}$

❻ $14 \div \frac{3}{5}$

❼ $10 \div \frac{9}{11}$

❽ $12 \div \frac{4}{9}$

❾ $16 \div \frac{3}{7}$

❿ $6 \div \frac{18}{23}$

⓫ $18 \div \frac{8}{9}$

⓬ $25 \div \frac{5}{12}$

⓭ $20 \div \frac{4}{7}$

⓮ $22 \div \frac{2}{11}$

⓯ $21 \div \frac{12}{13}$

⓰ $30 \div \frac{4}{5}$

⓱ $36 \div \frac{8}{15}$

⓲ $40 \div \frac{5}{6}$

⑲ $4 \div \frac{3}{8}$

⑳ $8 \div \frac{3}{4}$

㉑ $9 \div \frac{6}{7}$

㉒ $6 \div \frac{12}{19}$

㉓ $8 \div \frac{16}{17}$

㉔ $9 \div \frac{11}{15}$

㉕ $12 \div \frac{9}{10}$

㉖ $10 \div \frac{2}{3}$

㉗ $7 \div \frac{14}{15}$

㉘ $10 \div \frac{24}{25}$

㉙ $15 \div \frac{3}{5}$

㉚ $24 \div \frac{6}{13}$

㉛ $20 \div \frac{9}{10}$

㉜ $27 \div \frac{6}{7}$

㉝ $21 \div \frac{9}{13}$

㉞ $25 \div \frac{4}{5}$

㉟ $32 \div \frac{16}{17}$

㊱ $39 \div \frac{3}{4}$

공부 끝!

맞힌 개수 /36개

부모님 확인

오늘의 숫자 **80**에 색칠하세요.

연산 놀이터

간식에 적힌 문제와 답을 이으면 과자집으로 가는 길을 알 수 있대.
올바른 길을 찾아볼까?

부모님 확인

06

(가분수)÷(진분수), (대분수)÷(진분수)

이번에는 무엇을 배울까?

(자연수)÷(진분수)	(가분수)÷(진분수), (대분수)÷(진분수)	각 자리에서 나누어떨어지지 않는 (소수)÷(자연수)

이렇게 지도해요!

❶ 먼저 설명해 주세요.

(가분수) ÷ (진분수), (대분수) ÷ (진분수) 내용을 말로 풀어내었습니다. 아이와 함께 따라 읽어 보면서, 나누는 수가 분수일 때 (분수) ÷ (분수)의 계산 방법은 분수의 형태에 상관없이 같다는 것을 이해합니다.

❷ 수를 이해하며 계산해요.

설명과 이어지는 식을 이용하여 Day21과 Day22에서 원리를 이해하며 문제를 풉니다.

❸ 충분히 연습해요.

Day23 ~ Day25의 문제 풀이를 통해 분수의 나눗셈을 충분히 다루어 분수의 나눗셈 알고리즘을 완벽하게 습득합니다.

스스로 계획을 세워요!

	공부할 날짜	목표 시간	복습할 날짜
Day 21/48	월 / 일	분 / 14개	월 / 일
Day 22/48	월 / 일	분 / 18개	월 / 일
Day 23/48	월 / 일	분 / 36개	월 / 일
Day 24/48	월 / 일	분 / 36개	월 / 일
Day 25/48	월 / 일	분 / 26개	월 / 일

선생님의 칠판

$\frac{8}{3} \div \frac{5}{6}$는 어떻게 계산할까?

통분해서 계산하는 거야!

$$\frac{8}{3} \div \frac{5}{6} = \frac{16}{6} \div \frac{5}{6} = 16 \div 5 = \frac{16}{5} = 3\frac{1}{5}$$

분수의 곱셈으로 바꾸어 계산할 수도 있어.

$$\frac{8}{3} \div \frac{5}{6} = \frac{8}{\cancel{3}_{1}} \times \frac{\cancel{6}^{2}}{5} = \frac{16}{5} = 3\frac{1}{5}$$

$1\frac{3}{4} \div \frac{2}{5}$는 어떻게 계산할까?

통분해서 계산하는 거야!

대분수는 가분수로

$$1\frac{3}{4} \div \frac{2}{5} = \frac{7}{4} \div \frac{2}{5} = \frac{35}{20} \div \frac{8}{20} = 35 \div 8 = \frac{35}{8} = 4\frac{3}{8}$$

분수의 곱셈으로 바꾸어 계산할 수도 있어.

$$1\frac{3}{4} \div \frac{2}{5} = \frac{7}{4} \div \frac{2}{5} = \frac{7}{4} \times \frac{5}{2} = \frac{35}{8} = 4\frac{3}{8}$$

Day 21

(가분수)÷(진분수)는 (진분수)÷(진분수)와 계산 방법이 같아.

나누어지는 수가 가분수일 때도
통분하여 분자끼리 나누어 계산하거나

$$\frac{4}{3} \div \frac{5}{6} = \frac{8}{6} \div \frac{5}{6} = 8 \div 5 = \frac{8}{5} = 1\frac{3}{5}$$

나누는 수의 분모와 분자를 바꾸어
곱셈으로 계산할 수 있어.

$$\frac{4}{3} \div \frac{5}{6} = \frac{4}{\cancel{3}_1} \times \frac{\cancel{6}^2}{5} = \frac{8}{5} = 1\frac{3}{5}$$

두 분수를 통분해서 나누어 보자!

❶ $\frac{5}{2} \div \frac{3}{4} = \frac{\square}{\square} \div \frac{\square}{\square} = \square \div \square = \square$

계산한 값은 기약분수로 쓰면 돼.

❷ $\frac{4}{3} \div \frac{1}{5} = \frac{\square}{\square} \div \frac{\square}{\square} = \square \div \square = \square$

❸ $\frac{7}{4} \div \frac{7}{10} = \frac{\square}{\square} \div \frac{\square}{\square} = \square \div \square = \square$

❹ $\frac{9}{4} \div \frac{4}{7} = \frac{\square}{\square} \div \frac{\square}{\square} = \square \div \square = \square$

❺ $\frac{9}{8} \div \frac{3}{10} = \frac{\square}{\square} \div \frac{\square}{\square} = \square \div \square = \square$

이번에는 곱셈으로 나타내서 계산해 볼까?

❻ $\frac{6}{5} \div \frac{2}{3} = \frac{\square}{\square} \times \frac{\square}{\square} = \square$

❼ $\frac{3}{2} \div \frac{3}{10} = \frac{\square}{\square} \times \frac{\square}{\square} = \square$

❽ $\frac{5}{4} \div \frac{5}{6} = \frac{\square}{\square} \times \frac{\square}{\square} = \square$

❾ $\frac{11}{6} \div \frac{2}{9} = \frac{\square}{\square} \times \frac{\square}{\square} = \square$

❿ $\frac{9}{7} \div \frac{7}{8} = \frac{\square}{\square} \times \frac{\square}{\square} = \square$

⓫ $\frac{8}{5} \div \frac{4}{7} = \frac{\square}{\square} \times \frac{\square}{\square} = \square$

⓬ $\frac{8}{3} \div \frac{4}{9} = \frac{\square}{\square} \times \frac{\square}{\square} = \square$

⓭ $\frac{14}{11} \div \frac{7}{10} = \frac{\square}{\square} \times \frac{\square}{\square} = \square$

⓮ $\frac{15}{8} \div \frac{5}{18} = \frac{\square}{\square} \times \frac{\square}{\square} = \square$

공부 끝!

맞힌 개수

/14개

부모님 확인

오늘의 숫자 78에 색칠하세요.

Day 22

(대분수)÷(진분수)는 대분수를 먼저 가분수로 바꾼 후에 계산하면 돼.

두 분수를 통분해서 나누어 봐.

❶ $1\frac{1}{3} \div \frac{1}{6} = \frac{4}{3} \div \frac{1}{6} = \frac{8}{6} \div \frac{1}{6} =$

대분수는 가분수로 바꾸기!

❷ $1\frac{5}{6} \div \frac{7}{12} = \frac{11}{6} \div \frac{7}{12} =$

❸ $1\frac{2}{5} \div \frac{2}{15} =$

❹ $2\frac{2}{7} \div \frac{3}{14} =$

❺ $3\frac{1}{3} \div \frac{5}{12} =$

❻ $4\frac{1}{2} \div \frac{1}{6} =$

❼ $5\frac{4}{5} \div \frac{9}{10} =$

❽ $2\frac{3}{4} \div \frac{3}{10} =$

❾ $3\frac{3}{8} \div \frac{3}{4} =$

곱셈으로 나타내서 계산해 봐.

⑩ $1\frac{1}{5} \div \frac{2}{3} = \frac{6}{5} \div \frac{2}{3} = \frac{\overset{3}{\cancel{6}}}{5} \times \frac{3}{\underset{1}{\cancel{2}}} =$

대분수는 가분수로 바꾸기!

⑪ $1\frac{1}{2} \div \frac{6}{7} = \frac{3}{2} \div \frac{6}{7} =$

⑫ $2\frac{1}{4} \div \frac{5}{6} =$

⑬ $2\frac{2}{9} \div \frac{5}{8} =$

⑭ $3\frac{3}{7} \div \frac{3}{4} =$

⑮ $3\frac{1}{6} \div \frac{2}{15} =$

⑯ $4\frac{2}{3} \div \frac{7}{11} =$

⑰ $4\frac{4}{9} \div \frac{8}{15} =$

⑱ $5\frac{5}{8} \div \frac{5}{12} =$

공부 끝!

맞힌 개수

/18개

부모님 확인

오늘의 숫자 **67**에 색칠하세요.

Day 23

식을 바꾀어 계산할 때는 알맞게 바꾸었는지 확인하고 계산해.

❶ $\frac{4}{3} \div \frac{1}{2}$

❷ $\frac{7}{2} \div \frac{9}{11}$

❸ $\frac{8}{3} \div \frac{1}{9}$

❹ $\frac{9}{2} \div \frac{6}{7}$

❺ $\frac{11}{3} \div \frac{5}{9}$

❻ $\frac{13}{4} \div \frac{3}{10}$

❼ $\frac{5}{2} \div \frac{8}{13}$

❽ $\frac{7}{5} \div \frac{14}{19}$

❾ $\frac{13}{4} \div \frac{1}{8}$

❿ $\frac{9}{7} \div \frac{12}{17}$

⓫ $\frac{14}{3} \div \frac{11}{15}$

⓬ $\frac{17}{6} \div \frac{1}{10}$

⓭ $\frac{18}{5} \div \frac{3}{4}$

⓮ $\frac{18}{7} \div \frac{9}{14}$

⓯ $\frac{9}{4} \div \frac{3}{20}$

⓰ $\frac{15}{4} \div \frac{3}{20}$

⓱ $\frac{22}{7} \div \frac{11}{13}$

⓲ $\frac{25}{3} \div \frac{15}{22}$

⑲ $1\frac{3}{5} \div \frac{4}{7}$

⑳ $2\frac{1}{2} \div \frac{5}{7}$

㉑ $3\frac{1}{8} \div \frac{5}{7}$

㉒ $2\frac{3}{8} \div \frac{2}{5}$

㉓ $3\frac{3}{10} \div \frac{3}{4}$

㉔ $3\frac{6}{7} \div \frac{6}{11}$

㉕ $1\frac{3}{7} \div \frac{15}{19}$

㉖ $4\frac{1}{4} \div \frac{1}{2}$

㉗ $2\frac{4}{5} \div \frac{8}{13}$

㉘ $3\frac{2}{15} \div \frac{1}{2}$

㉙ $1\frac{4}{5} \div \frac{21}{22}$

㉚ $4\frac{1}{5} \div \frac{7}{9}$

㉛ $6\frac{1}{3} \div \frac{4}{7}$

㉜ $4\frac{4}{7} \div \frac{16}{19}$

㉝ $6\frac{3}{4} \div \frac{9}{14}$

㉞ $5\frac{3}{7} \div \frac{19}{20}$

㉟ $7\frac{3}{11} \div \frac{10}{13}$

㊱ $6\frac{4}{9} \div \frac{29}{30}$

공부 끝!

맞힌 개수

/36개

부모님 확인

오늘의 숫자 **66**에 색칠하세요.

월 일 /36 분

Day 24

(분수) ÷ (분수)는 분수가 어떤 모습이더라도 계산 방법이 같아.

❶ $\frac{5}{4} \div \frac{5}{7}$

❷ $\frac{9}{5} \div \frac{6}{11}$

❸ $\frac{10}{3} \div \frac{5}{9}$

❹ $\frac{9}{5} \div \frac{1}{7}$

❺ $\frac{12}{5} \div \frac{9}{11}$

❻ $\frac{7}{4} \div \frac{7}{12}$

❼ $\frac{15}{4} \div \frac{9}{10}$

❽ $\frac{16}{5} \div \frac{10}{11}$

❾ $\frac{18}{11} \div \frac{4}{7}$

❿ $\frac{21}{10} \div \frac{1}{5}$

⓫ $\frac{20}{3} \div \frac{6}{7}$

⓬ $\frac{11}{5} \div \frac{22}{25}$

⓭ $\frac{17}{15} \div \frac{2}{5}$

⓮ $\frac{19}{2} \div \frac{3}{8}$

⓯ $\frac{21}{4} \div \frac{14}{25}$

⓰ $\frac{18}{5} \div \frac{24}{29}$

⓱ $\frac{20}{7} \div \frac{8}{13}$

⓲ $\frac{25}{6} \div \frac{20}{27}$

⑲ $1\frac{7}{8} \div \frac{10}{17}$

⑳ $2\frac{2}{3} \div \frac{1}{6}$

㉑ $3\frac{1}{9} \div \frac{4}{5}$

㉒ $1\frac{5}{7} \div \frac{8}{13}$

㉓ $2\frac{1}{7} \div \frac{6}{13}$

㉔ $5\frac{5}{6} \div \frac{7}{8}$

㉕ $3\frac{1}{5} \div \frac{12}{17}$

㉖ $4\frac{4}{5} \div \frac{8}{15}$

㉗ $3\frac{2}{11} \div \frac{14}{23}$

㉘ $2\frac{3}{11} \div \frac{15}{22}$

㉙ $4\frac{5}{7} \div \frac{11}{15}$

㉚ $1\frac{5}{6} \div \frac{22}{27}$

㉛ $6\frac{2}{9} \div \frac{8}{11}$

㉜ $4\frac{1}{6} \div \frac{10}{17}$

㉝ $5\frac{3}{4} \div \frac{11}{12}$

㉞ $4\frac{2}{9} \div \frac{19}{21}$

㉟ $5\frac{4}{9} \div \frac{7}{12}$

㊱ $8\frac{3}{4} \div \frac{15}{16}$

공부 끝!

맞힌 개수

/36개

부모님 확인

오늘의 숫자 **65**에 색칠하세요.

Day 25

분수의 곱셈과 나눗셈이 섞여 있으면 모두 분수의 곱셈으로 바꿔서 계산해.

대분수는 가분수로 바꾸고,

$$\frac{1}{4} \times 1\frac{1}{2} \div \frac{9}{4} = \frac{1}{\cancel{4}_{1}} \times \frac{\cancel{3}^{1}}{2} \times \frac{\cancel{4}^{1}}{\cancel{9}_{3}} = \frac{1}{6}$$

÷ ▲/■ 는 × ■/▲ 로 바꿔 주면 돼!

앞에서부터 차근차근 바꿔 보자.

❶ $\frac{9}{5} \div \frac{1}{12} \times 2\frac{1}{2}$

❷ $1\frac{1}{3} \times \frac{7}{2} \div \frac{10}{3}$

❸ $\frac{3}{8} \times 3\frac{1}{2} \div \frac{15}{8}$

❹ $\frac{3}{4} \times \frac{1}{2} \div 3\frac{3}{5}$

❺ $\frac{5}{6} \times 2\frac{1}{2} \div \frac{15}{14}$

❻ $2\frac{1}{4} \times \frac{2}{9} \div \frac{5}{2}$

❼ $1\frac{1}{8} \div \frac{9}{4} \times \frac{10}{7}$

❽ $\frac{6}{11} \div \frac{5}{2} \times 3\frac{1}{3}$

❾ $2\frac{1}{7} \div \frac{15}{8} \times \frac{3}{2}$

❿ $1\frac{5}{7} \div \frac{1}{6} \div \frac{18}{11}$

⓫ $1\frac{7}{9} \div \frac{8}{3} \div \frac{5}{12}$

⓬ $\frac{15}{4} \times \frac{7}{20} \div 2\frac{1}{3}$

⑬ $1\frac{4}{11} \div \frac{9}{7} \times \frac{21}{20}$

⑭ $1\frac{5}{6} \times \frac{15}{22} \div \frac{13}{8}$

⑮ $3\frac{1}{4} \div \frac{7}{5} \times \frac{6}{5}$

⑯ $8\frac{2}{3} \times \frac{17}{20} \div \frac{13}{5}$

⑰ $\frac{17}{6} \div 3\frac{7}{9} \times \frac{10}{11}$

⑱ $1\frac{5}{9} \times \frac{1}{2} \div \frac{12}{7}$

⑲ $4\frac{2}{3} \div \frac{1}{4} \div 1\frac{1}{6}$

⑳ $2\frac{2}{7} \times 1\frac{5}{8} \div \frac{21}{14}$

㉑ $2\frac{1}{7} \times 8\frac{1}{6} \div \frac{5}{2}$

㉒ $1\frac{7}{10} \div \frac{9}{20} \div \frac{4}{15}$

㉓ $3\frac{1}{3} \times \frac{7}{3} \div 2\frac{3}{16}$

㉔ $\frac{17}{2} \div \frac{3}{7} \div 1\frac{7}{10}$

㉕ $3\frac{3}{4} \div \frac{21}{20} \times \frac{7}{30}$

㉖ $3\frac{4}{15} \div \frac{14}{9} \times \frac{4}{19}$

공부 끝!

맞힌 개수 /26개

부모님 확인

오늘의 숫자 **81**에 색칠하세요.

연산 놀이터

시험지를 채점해 보자!
틀린 부분을 고쳐 보고 몇 점인지 구해 봐!

부모님 확인

단원 평가	분수의 나눗셈	○○ 초등학교 6학년 이름: 김연산

점수: ☐ 점

1. (20점) $3\frac{2}{5} \div \frac{1}{10} = \frac{17}{5} \times \frac{1}{10} = \frac{17}{50}$

2. (25점) $4\frac{1}{3} \div \frac{5}{6} = \frac{26}{6} \div \frac{5}{6} = 26 \div 5 = \frac{26}{5} = 5\frac{1}{5}$

3. (25점) $\frac{25}{9} \div \frac{2}{3} = \frac{25}{9} \times \frac{3}{2} = \frac{25}{6} = 4\frac{1}{6}$

4. (30점) $\frac{51}{10} \div \frac{3}{5} = \frac{51}{10} \div \frac{9}{10} = 51 \div 9 = \frac{51}{9} = 5\frac{2}{3}$

07

각 자리에서 나누어떨어지지 않는 (소수)÷(자연수)

이번에는 무엇을 배울까?

(가분수)÷(진분수), (대분수)÷(진분수)

각 자리에서 나누어떨어지지 않는 (소수)÷(자연수)

0을 내리거나 몫에 0이 포함된 (소수)÷(자연수)

이렇게 지도해요!

❶ **먼저 설명해 주세요.**

각 자리에서 나누어떨어지지 않는 (소수) ÷ (자연수) 내용을 그림과 말로 풀어내었습니다. 아이와 함께 따라 읽어 보면서, 자연수의 나눗셈과 연관 지어 소수의 나눗셈을 이해합니다.

❷ **수를 이해하며 계산해요.**

설명과 이어지는 식을 이용하여 Day26에서 원리를 이해하며 문제를 풉니다.

❸ **충분히 연습해요.**

Day27 ~ Day30의 문제 풀이를 통해 소수의 나눗셈을 자연수의 나눗셈, 분수의 나눗셈 등과 연결 지어 문제를 해결해 봅니다.
또한 자연수로 소수를 나눌 때 몫에 소수점을 찍는 위치를 생각하며 문제를 풀어 봅니다.

스스로 계획을 세워요!

	공부할 날짜	목표 시간	복습할 날짜
Day 26 (48)	월 / 일	분 / 18개	월 / 일
Day 27 (48)	월 / 일	분 / 16개	월 / 일
Day 28 (48)	월 / 일	분 / 15개	월 / 일
Day 29 (48)	월 / 일	분 / 28개	월 / 일
Day 30 (48)	월 / 일	분 / 29개	월 / 일

선생님의 칠판

13.95 ÷ 3은 어떻게 계산할까?

자연수의 나눗셈을 이용해 봐!

$1395 \div 3 = 465$

$\frac{1}{100}$배 ↓ $\frac{1}{100}$배 ↓

$13.95 \div 3 = 4.65$

13.95 ÷ 3의 몫은

1395 ÷ 3 = 465의 $\frac{1}{100}$배인 4.65야!

세로로 계산해 보자!

소수점은 그대로 위로 올려서 찍어!

```
      4.6 5
   ┌──────
 3 ) 1 3.9 5
     1 2
     ──────
       1 9
       1 8
     ──────
         1 5
         1 5
     ──────
           0
```

Day 26

자연수의 나눗셈을 이용해 (소수)÷(자연수)를 구할 수 있어.

나누는 수가 같을 때

나누어지는 수가 $\frac{1}{10}$배, $\frac{1}{100}$배가 되면

$625 \div 5 = 125$

$\frac{1}{10}$배 ↓ ↓ $\frac{1}{10}$배

$62.5 \div 5 = 12.5$

$\frac{1}{100}$배 ↓ ↓ $\frac{1}{100}$배

$6.25 \div 5 = 1.25$

몫도 $\frac{1}{10}$배, $\frac{1}{100}$배가 돼.

❶ $272 \div 2 = 136$

$\frac{1}{10}$배 ↓ ↓ $\frac{1}{10}$배

$27.2 \div 2 =$ □

❷ $378 \div 3 = 126$

$\frac{1}{10}$배 ↓ ↓ $\frac{1}{10}$배

$37.8 \div 3 =$ □

❸ $645 \div 3 = 215$

$\frac{1}{10}$배 ↓ ↓ $\frac{1}{10}$배

$64.5 \div 3 =$ □

❹ $592 \div 4 = 148$

$\frac{1}{10}$배 ↓ ↓ $\frac{1}{10}$배

$59.2 \div 4 =$ □

❺ $815 \div 5 = 163$

$\frac{1}{100}$배 ↓ ↓ $\frac{1}{100}$배

$8.15 \div 5 =$ □

❻ $728 \div 4 = 182$

$\frac{1}{100}$배 ↓ ↓ $\frac{1}{100}$배

$7.28 \div 4 =$ □

❼ $965 \div 5 = 193$

$\frac{1}{100}$배 ↓ ↓ $\frac{1}{100}$배

$9.65 \div 5 =$ □

294=294.0

❽ 294 ÷ 2 = 147

29.4 ÷ 2 = 14.7 ($\frac{1}{10}$배는 소수점을 왼쪽으로 한 칸,)

2.94 ÷ 2 = □

$\frac{1}{100}$배는 소수점을 왼쪽으로 두 칸 움직여.

❾ 326 ÷ 2 = 163

32.6 ÷ 2 = □

3.26 ÷ 2 = □

❿ 575 ÷ 5 = 115

57.5 ÷ 5 = □

5.75 ÷ 5 = □

⓫ 453 ÷ 3 = 151

45.3 ÷ 3 = □

4.53 ÷ 3 = □

⓬ 516 ÷ 4 = 129

51.6 ÷ 4 = □

5.16 ÷ 4 = □

⓭ 408 ÷ 3 = 136

40.8 ÷ 3 = □

4.08 ÷ 3 = □

⓮ 638 ÷ 2 = 319

63.8 ÷ 2 = □

6.38 ÷ 2 = □

⓯ 798 ÷ 7 = 114

79.8 ÷ 7 = □

7.98 ÷ 7 = □

⓰ 852 ÷ 4 = 218

85.2 ÷ 4 = □

8.52 ÷ 4 = □

⓱ 753 ÷ 3 = 251

75.3 ÷ 3 = □

7.53 ÷ 3 = □

⓲ 924 ÷ 6 = 154

92.4 ÷ 6 = □

9.24 ÷ 6 = □

공부 끝!

맞힌 개수 /18개

부모님 확인

오늘의 숫자 **82**에 색칠하세요.

Day 27

소수의 나눗셈은 분수의 나눗셈으로 바꿀 수 있어.

월 일 분 /8

소수의 자릿수에 따라 분모가 10, 100 … 인 분수로 바꾸어 (분수)÷(자연수)로 나타낼 수 있어.

소수를 분수로 바꾸고

$$6.5 \div 5 = \frac{65}{10} \div 5 = \frac{65 \div 5}{10} = \frac{13}{10} = 1.3$$

분수의 나눗셈을 한 결과를 다시 소수로 바꿔 줘.

소수 한 자리 수는 분모가 10인 분수가 돼.

❶ $5.8 \div 2 = \frac{58}{10} \div 2 = \frac{58 \div 2}{10} = \frac{29}{10} =$ ______

분수를 소수로 바꿀 때는 소수점의 위치를 꼭 확인해!

❷ $6.4 \div 4 = \frac{64}{10} \div 4 = \frac{64 \div 4}{10} =$ ______

❸ $8.7 \div 3 =$ ______

❹ $17.5 \div 5 =$ ______

❺ $52.8 \div 4 =$ ______

❻ $64.5 \div 3 =$ ______

❼ $82.2 \div 6 =$ ______

소수 두 자리 수는 분모가 100인 분수가 돼!

❽ $2.38 \div 2 = \frac{238}{100} \div 2 = \frac{238 \div 2}{100} = \frac{119}{100} =$

분수를 소수로 바꿀 때 소수점의 위치 주의하기!

❾ $4.89 \div 3 = \frac{489}{100} \div 3 = \frac{489 \div 3}{100} =$

❿ $6.15 \div 5 =$

⓫ $5.26 \div 2 =$

⓬ $5.44 \div 4 =$

⓭ $8.58 \div 6 =$

⓮ $7.23 \div 3 =$

⓯ $8.96 \div 7 =$

⓰ $9.72 \div 4 =$

공부 끝!

맞힌 개수

/16개

부모님 확인

오늘의 숫자 **84**에 색칠하세요.

Day 28

(소수)÷(자연수)는 (자연수)÷(자연수)에서 몫에 소수점만 잘 찍어 주면 돼.

먼저 (자연수)÷(자연수)처럼
나눗셈을 하고,
소수점은 나누어지는 수의
소수점 위치에서 그대로 올려 찍어.

	1	.7
4)	6	.8
	4	
	2	8
	2	8
		0

소수점은 그대로 위로!

❶ 3)7.8

❷ 7)9.8

❸ 6)9.6

❹ 5)7.5

❺ 2)38.6

❻ 9)82.8

❼ 4)4.52

❽ 3)5.37

가로 셈은 세로 셈으로 하면 좀 더 편리해.

❾ 11.4 ÷ 2 =

2) 1 1 . 4

❿ 12.25 ÷ 5 =

⓫ 22.98 ÷ 6 =

⓬ 9.84 ÷ 8 =

⓭ 9.44 ÷ 4 =

⓮ 14.84 ÷ 7 =

⓯ 37.89 ÷ 9 =

공부 끝!

맞힌 개수

/15개

부모님 확인

오늘의 숫자 89에 색칠하세요.

Day 29

(소수)÷(자연수)를 계산하고 몫에 소수점을 찍는 것을 잊지 마.

나눗셈을 하고 소수점은 위로 그대로 올려서 찍어 주기!

$$\begin{array}{r} 1.2 \\ 6\,\overline{)\,7.2} \\ 6 \\ \hline 1\,2 \\ 1\,2 \\ \hline 0 \end{array}$$

❶ $4\overline{)9.2}$

❷ $9\overline{)25.2}$

❸ $11\overline{)56.1}$

❹ $7\overline{)29.61}$

❺ $3\overline{)11.46}$

❻ $9\overline{)31.14}$

❼ $2\overline{)183.4}$

❽ $4\overline{)77.6}$

❾ $11\overline{)266.2}$

❿ $9\overline{)212.4}$

⑪ $27.5 \div 5$

⑫ $9.1 \div 7$

⑬ $14.41 \div 11$

⑭ $15.48 \div 3$

⑮ $51.2 \div 4$

⑯ $138.15 \div 5$

⑰ $337.28 \div 8$

⑱ $46.29 \div 3$

⑲ $114.3 \div 9$

⑳ $48.62 \div 13$

㉑ $275.1 \div 7$

㉒ $29.12 \div 8$

㉓ $53.2 \div 7$

㉔ $492.78 \div 6$

㉕ $179.2 \div 4$

㉖ $117.42 \div 6$

㉗ $73.24 \div 2$

㉘ $514.4 \div 8$

공부 끝!

맞힌 개수 /28개

부모님 확인

오늘의 숫자 **85**에 색칠하세요.

Day 30

소수의 나눗셈도
자리를 맞추어
몫을 써야 해.

❶ $4\overline{)37.6}$

❷ $6\overline{)14.4}$

❸ $9\overline{)29.7}$

❹ $13\overline{)23.4}$

❺ $2\overline{)9.66}$

❻ $5\overline{)73.5}$

❼ $2\overline{)85.2}$

❽ $12\overline{)74.4}$

❾ $5\overline{)119.5}$

❿ $8\overline{)53.76}$

⓫ $9\overline{)116.1}$

⑫ $14.8 \div 4$

⑬ $13.8 \div 2$

⑭ $9.6 \div 8$

⑮ $73.5 \div 5$

⑯ $103.95 \div 15$

⑰ $22.44 \div 4$

⑱ $159.6 \div 12$

⑲ $45.12 \div 4$

⑳ $77.4 \div 3$

㉑ $251.2 \div 8$

㉒ $15.33 \div 7$

㉓ $7.8 \div 6$

㉔ $149.24 \div 7$

㉕ $76.23 \div 3$

㉖ $223.37 \div 7$

㉗ $95.4 \div 6$

㉘ $235.4 \div 11$

㉙ $373.56 \div 12$

공부 끝!

맞힌 개수

/29개

부모님 확인

오늘의 숫자 **86**에 색칠하세요.

연산 놀이터

누가 작물을 심은 땅이 더 넓을까?

● 안에 >, =, <를 써서 나타내 봐!

부모님 확인

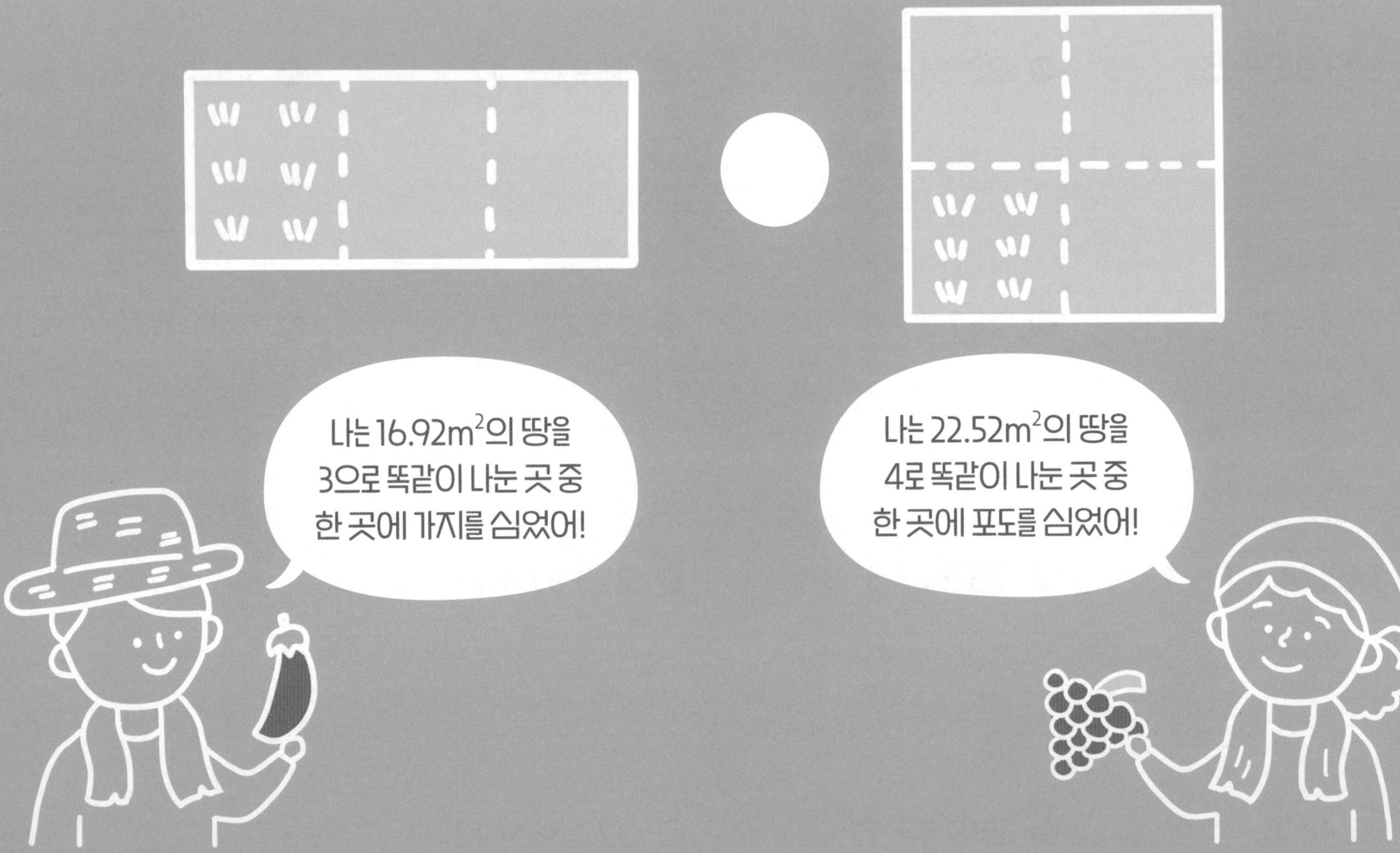

08

0을 내리거나 몫에 0이 포함된 (소수)÷(자연수)

이번에는 무엇을 배울까?

각 자리에서 나누어떨어지지 않는 (소수)÷(자연수)

0을 내리거나 몫에 0이 포함된 (소수)÷(자연수)

몫이 소수인 (자연수)÷(자연수)

이렇게 지도해요!

❶ 먼저 설명해 주세요.

0을 내리거나 몫에 0이 포함된 (소수)÷(자연수) 내용을 말로 풀어내었습니다. 아이와 함께 따라 읽어 보면서, 몫에 0을 쓰거나 필요에 따라 0을 내리는 것을 확인합니다.

❷ 수를 이해하며 계산해요.

설명과 이어지는 식을 이용하여 Day31에서 원리를 이해하며 문제를 풉니다.

❸ 충분히 연습해요.

Day32 ~ Day36의 문제 풀이를 통해 (소수)÷(자연수)에서 0의 역할을 이해하고, 몫에 소수점을 찍는 위치를 생각하며 문제를 충분히 다루어 봅니다.

스스로 계획을 세워요!

	공부할 날짜	목표 시간	복습할 날짜
Day 31/48	월 / 일	분 / 16개	월 / 일
Day 32/48	월 / 일	분 / 21개	월 / 일
Day 33/48	월 / 일	분 / 13개	월 / 일
Day 34/48	월 / 일	분 / 17개	월 / 일
Day 35/48	월 / 일	분 / 29개	월 / 일
Day 36/48	월 / 일	분 / 29개	월 / 일

선생님의 칠판

1.4 ÷ 4는 어떻게 계산할까?

자연수의 나눗셈을 이용해 봐!

$140 \div 4 = 35$

$\frac{1}{100}$배 ↓ $\frac{1}{100}$배 ↓

$1.4 \div 4 = 0.35$

1.4 ÷ 4의 몫은

$140 \div 4 = 35$의 $\frac{1}{100}$배인 0.35야!

세로로 계산해 보자!

일의 자리를 나눌 수 없으면
몫에 0을 쓰고 다음 자리 수와 함께 나눠.

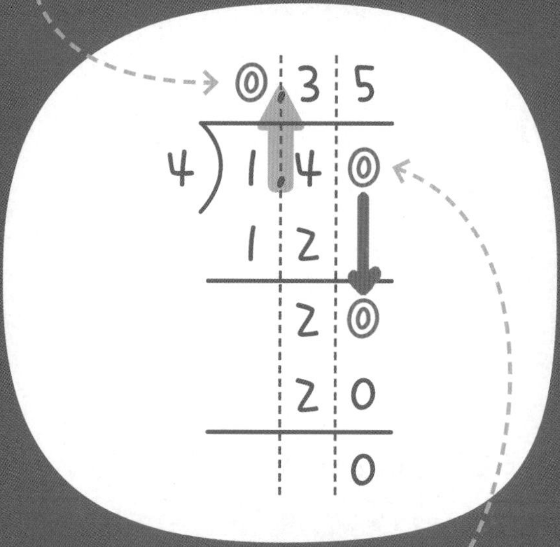

1.4 = 1.40이니까
1.4의 오른쪽 끝에 0이 있다고 생각하고
0을 내려서 계산해.

Day 31

자연수의 나눗셈을 이용해 (소수)÷(자연수)를 계산할 수 있어.

❶ 24 ÷ 3 = 8

$\frac{1}{10}$배 ↓ $\frac{1}{10}$배 ↓

2.4 ÷ 3 = □

한 자리 수를 $\frac{1}{10}$배 하면 소수로는 몇이지?

❷ 45 ÷ 5 = 9

$\frac{1}{10}$배 ↓ $\frac{1}{10}$배 ↓

4.5 ÷ 5 = □

❸ 63 ÷ 9 = 7

$\frac{1}{10}$배 ↓ $\frac{1}{10}$배 ↓

6.3 ÷ 9 = □

❹ 36 ÷ 12 = 3

$\frac{1}{10}$배 ↓ $\frac{1}{10}$배 ↓

3.6 ÷ 12 = □

❺ 52 ÷ 13 = 4

$\frac{1}{10}$배 ↓ $\frac{1}{10}$배 ↓

5.2 ÷ 13 = □

두 자리 수를 $\frac{1}{100}$배 하면?

❻ 128 ÷ 8 = 16

$\frac{1}{100}$배 ↓ $\frac{1}{100}$배 ↓

1.28 ÷ 8 = □

❼ 259 ÷ 7 = 37

$\frac{1}{100}$배 ↓ $\frac{1}{100}$배 ↓

2.59 ÷ 7 = □

❽ 365 ÷ 5 = 73

$\frac{1}{100}$배 ↓ $\frac{1}{100}$배 ↓

3.65 ÷ 5 = □

⑨ 860 ÷ 5 = 172

$\frac{1}{100}$배 ↓ $\frac{1}{100}$배 ↓

8.6 ÷ 5 = ☐

⑩ 418 ÷ 2 = 209

$\frac{1}{100}$배 ↓ $\frac{1}{100}$배 ↓

4.18 ÷ 2 = ☐

⑪ 315 ÷ 3 = 105

$\frac{1}{100}$배 ↓ $\frac{1}{100}$배 ↓

3.15 ÷ 3 = ☐

⑫ 721 ÷ 7 = 103

$\frac{1}{100}$배 ↓ $\frac{1}{100}$배 ↓

7.21 ÷ 7 = ☐

⑬ 618 ÷ 3 = 206

$\frac{1}{100}$배 ↓ $\frac{1}{100}$배 ↓

6.18 ÷ 3 = ☐

⑭ 828 ÷ 4 = 207

$\frac{1}{100}$배 ↓ $\frac{1}{100}$배 ↓

8.28 ÷ 4 = ☐

⑮ 912 ÷ 3 = 304

$\frac{1}{100}$배 ↓ $\frac{1}{100}$배 ↓

9.12 ÷ 3 = ☐

⑯ 1824 ÷ 6 = 304

$\frac{1}{100}$배 ↓ $\frac{1}{100}$배 ↓

18.24 ÷ 6 = ☐

공부 끝!

맞힌 개수

/16개

부모님 확인

오늘의 숫자 **62**에 색칠하세요.

Day 32

나누어지는 수가 나누는 수보다 작으면 몫이 1보다 작아.

소수가 자연수보다 작아 일의 자리를 나눌 수 없을 때는 몫의 일의 자리에 0을 써 줘.

	0	.4
3	) 1	.2
	1	2
		0

소수점 잊지 않기!

소수점은 그대로 위로!

❶ $5\overline{)3.5}$

❷ $6\overline{)4.8}$

❸ $3\overline{)1.5}$

❹ $4\overline{)3.2}$

❺ $7\overline{)2.8}$

❻ $8\overline{)7.2}$

❼ $2\overline{)1.24}$

❽ $3\overline{)2.28}$

❾ $5\overline{)4.65}$

❿ $4\overline{)3.48}$

⑪ 6.3 ÷ 7 =

7)6.3

⑫ 2.4 ÷ 4 =

⑬ 10.8 ÷ 12 =

⑭ 10.5 ÷ 15 =

⑮ 1.92 ÷ 2 =

⑯ 4.56 ÷ 6 =

⑰ 2.95 ÷ 5 =

⑱ 4.69 ÷ 7 =

⑲ 8.25 ÷ 11 =

⑳ 4.48 ÷ 14 =

㉑ 5.95 ÷ 17 =

공부 끝!

맞힌 개수

/21개

부모님 확인

오늘의 숫자 **61**에 색칠하세요.

Day 33

나누어떨어지지 않을 때는 0을 내리면 돼.

소수의 오른쪽 끝자리에는 0이 몇 개가 있어도 값이 변하지 않으니까

나누어떨어지지 않으면 0을 내려서 계산하면 돼.

	2	.1	5
2)	4	.3	0
	4		
		3	
		2	
		1	0
		1	0
			0

4.3=4.30=4.300=⋯

❶

	1	.3		
4)	5	.4	0	
	4			
	1	4		
	1	2		
		2		

0을 내려 이어서 나누어 봐.

❷ $5 \overline{)7.1}$

❸ $6 \overline{)9.3}$

❹ $2 \overline{)5.7}$

❺ $4 \overline{)8.6}$

❻ $8 \overline{)9.2}$

❼ 12.3 ÷ 5 =

5) 1 2 . 3

❽ 17.4 ÷ 4 =

❾ 22.5 ÷ 6 =

❿ 39.6 ÷ 8 =

⓫ 73.8 ÷ 12 =

⓬ 48.3 ÷ 15 =

⓭ 42.6 ÷ 20 =

공부 끝!

맞힌 개수

/13개

부모님 확인

오늘의 숫자 **38**에 색칠하세요.

Day 34

몫의 소수 첫째 자리가 0일 수 있어.

내린 수를 나누지 못하면 자연수의 나눗셈처럼 몫에 0을 쓰고 다음 자리 수를 내려서 같이 나누면 돼.

소수점 잊지 않기!

$$\begin{array}{r} 1.05 \\ 5\overline{)5.25} \\ \underline{5} \\ 25 \\ \underline{25} \\ 0 \end{array}$$

2를 4로 나누지 못하면 몫에 0을 쓰고 다음 자리 수를 내려서 같이 나누기!

❶ $$\begin{array}{r} 1.0 \\ 4\overline{)4.24} \\ \underline{4} \\ 2 \end{array}$$

❷ $3\overline{)3.24}$

❸ $5\overline{)5.35}$

❹ $8\overline{)8.32}$

❺ $7\overline{)7.35}$

❻ $6\overline{)6.48}$

❼ $9\overline{)9.81}$

❽ $5\overline{)10.45}$

❾ $6\overline{)12.36}$

❿ $8\overline{)16.32}$

⑪ 21.15 ÷ 3 =

$3\overline{)21.15}$

⑫ 25.25 ÷ 5 =

⑬ 24.36 ÷ 4 =

⑭ 21.49 ÷ 7 =

⑮ 33.66 ÷ 11 =

⑯ 27.17 ÷ 13 =

⑰ 61.05 ÷ 15 =

공부 끝!

맞힌 개수 /17개

부모님 확인

오늘의 숫자 **58**에 색칠하세요.

Day 35

나눌 수 없을 때는 0을 내리거나 몫에 0을 써서 나눌 수 있어.

❶ $5\overline{)4.75}$

❷ $3\overline{)1.77}$

❸ $3\overline{)6.21}$

❹ $4\overline{)2.52}$

❺ $16\overline{)4.16}$

❻ $8\overline{)16.24}$

❼ $6\overline{)6.3}$

❽ $4\overline{)4.6}$

❾ $10\overline{)12.5}$

❿ $6\overline{)20.7}$

⓫ $12\overline{)55.8}$

⑫ 3.12 ÷ 3

⑬ 2.76 ÷ 6

⑭ 7.5 ÷ 6

⑮ 8.28 ÷ 4

⑯ 6.36 ÷ 6

⑰ 4.4 ÷ 5

⑱ 9.24 ÷ 3

⑲ 3.78 ÷ 7

⑳ 10.9 ÷ 5

㉑ 11.2 ÷ 14

㉒ 4.7 ÷ 2

㉓ 14.1 ÷ 6

㉔ 48.36 ÷ 12

㉕ 25.6 ÷ 5

㉖ 8.82 ÷ 21

㉗ 20.2 ÷ 5

㉘ 32.48 ÷ 16

㉙ 61.08 ÷ 12

공부 끝!

맞힌 개수 /29개

부모님 확인

오늘의 숫자 **42**에 색칠하세요.

Day 36

(소수)÷(자연수)는 자연수의 나눗셈과 같이 계산하고, 자리에 맞추어 소수점을 찍으면 돼.

❶ $4\overline{)4.28}$

❷ $6\overline{)3.96}$

❸ $4\overline{)2.68}$

❹ $6\overline{)24.3}$

❺ $8\overline{)2.8}$

❻ $7\overline{)6.44}$

❼ $16\overline{)5.12}$

❽ $12\overline{)61.08}$

❾ $5\overline{)16.6}$

❿ $5\overline{)9.8}$

⓫ $5\overline{)22.8}$

⑫ $5.8 \div 4$

⑬ $6.12 \div 3$

⑭ $9.4 \div 8$

⑮ $15.2 \div 5$

⑯ $10.6 \div 4$

⑰ $4.7 \div 2$

⑱ $2.96 \div 8$

⑲ $3.9 \div 5$

⑳ $9.13 \div 11$

㉑ $12.9 \div 6$

㉒ $20.1 \div 5$

㉓ $3.24 \div 12$

㉔ $32.9 \div 14$

㉕ $5.12 \div 16$

㉖ $31.05 \div 15$

㉗ $16.3 \div 5$

㉘ $48.4 \div 8$

㉙ $57.26 \div 14$

공부 끝!

맞힌 개수 /29개

부모님 확인

오늘의 숫자 **57**에 색칠하세요.

연산 놀이터

램프가 찾는 보석의 한 변의 길이를 적어 봐!

부모님 확인

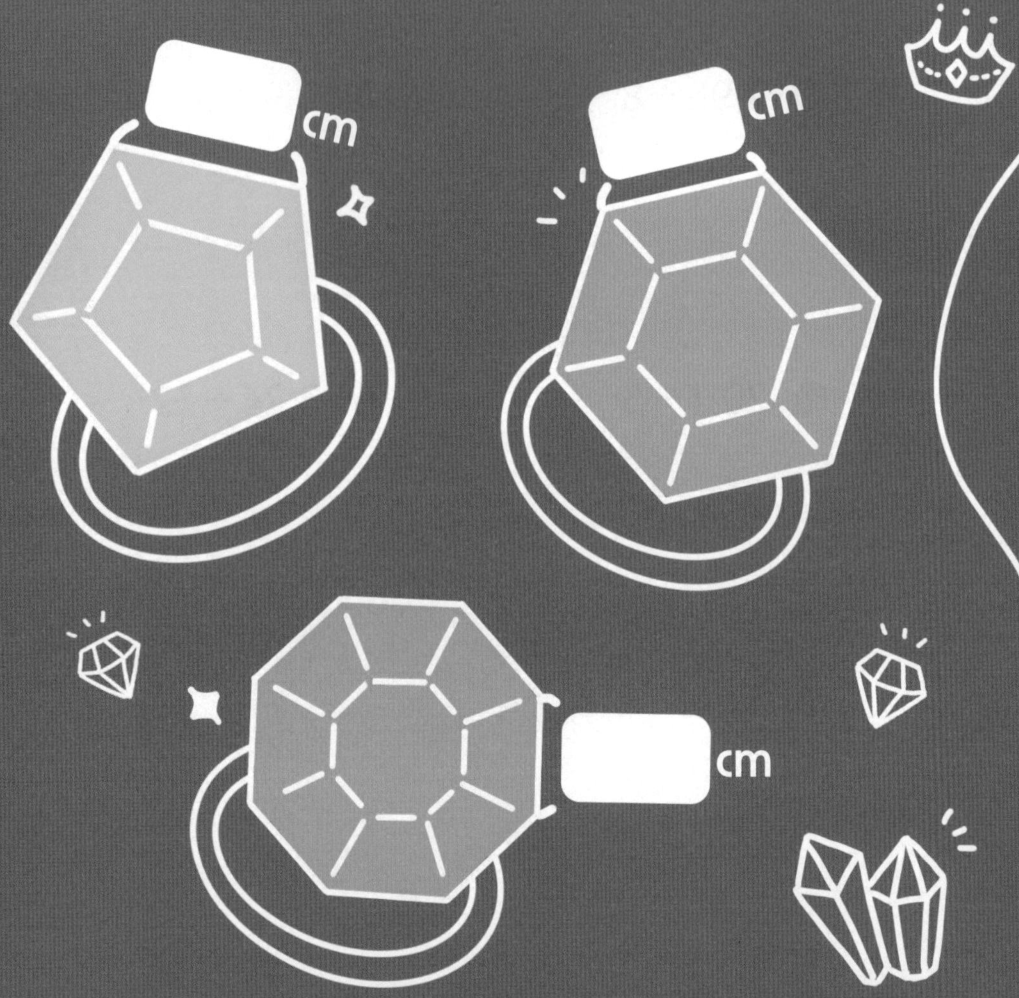

1. 둘레가 6.4 cm인 정오각형 보석의 한 변의 길이

2. 둘레가 6.3 cm인 정육각형 보석의 한 변의 길이

3. 둘레가 6.24 cm인 정팔각형 보석의 한 변의 길이

09

몫이 소수인 (자연수)÷(자연수)

이번에는 무엇을 배울까?

0을 내리거나 몫에 0이 포함된 (소수)÷(자연수)

몫이 소수인 (자연수)÷(자연수)

비와 비율

이렇게 지도해요!

❶ 먼저 설명해 주세요.

몫이 소수인 (자연수)÷(자연수) 내용을 말로 풀어내었습니다. 아이와 함께 따라 읽어 보면서, 자연수의 나눗셈에서 몫을 소수로 구하는 과정을 이해합니다.

❷ 수를 이해하며 계산해요.

설명과 이어지는 식을 이용하여 Day37에서 원리를 이해하며 문제를 풉니다.

❸ 충분히 연습해요.

Day38 ~ Day40의 문제 풀이를 통해 자연수의 나눗셈에서 몫을 소수까지 확장해 봅니다. 또 나누어 떨어지지 않을 때, 반올림으로 몫을 나타내는 것을 연습해 봅니다.

스스로 계획을 세워요!

	공부할 날짜	목표 시간	복습할 날짜
Day 37 (48)	월 / 일	분 / 16개	월 / 일
Day 38 (48)	월 / 일	분 / 12개	월 / 일
Day 39 (48)	월 / 일	분 / 28개	월 / 일
Day 40 (48)	월 / 일	분 / 28개	월 / 일

선생님의 칠판

(자연수)÷(자연수)도 몫을 소수로 나타낼 수 있을까?

9 ÷ 4를 계산해 보자!

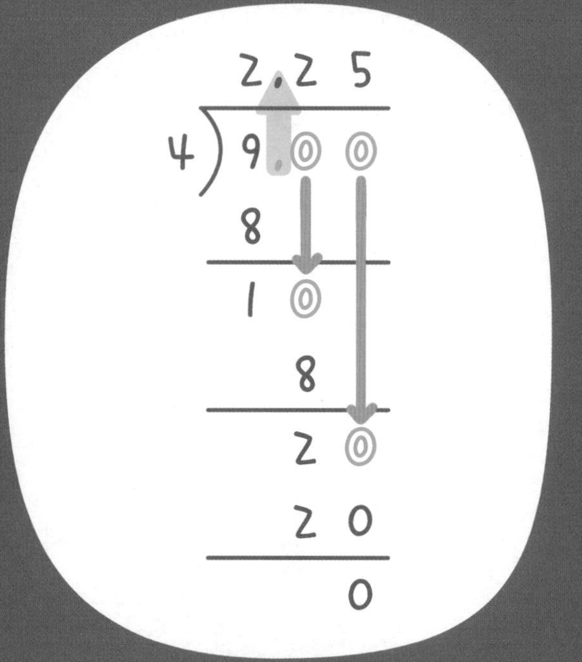

9 = 9.0 = 9.00 = ⋯이니까
9의 오른쪽 끝에 0이 있다고
생각하고 이어서 나눠!

11 ÷ 7을 계산해 보자!

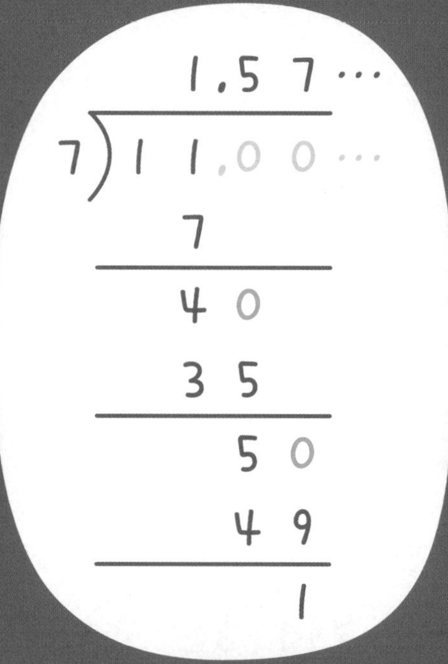

→

몫을 소수 첫째 자리까지 나타내기

1.6

나누어떨어지지
않을 때는
몫을 반올림하여
나타낼 수 있어.

구하는 자리 바로
아래 자리의 숫자가
0~4이면 버리고,
5~9이면 올리는 게
반올림이야.

Day 37

(자연수)÷(자연수)를 나누어떨어질 때까지 계산하면 몫을 소수로 구할 수 있어.

12 = 12.0 = 12.00 = ⋯

따라서 (자연수)÷(자연수)를 계산할 때 자연수를 소수로 바꾸어 (소수)÷(자연수)처럼 나누면 계속 나눌 수 있어.

자연수 바로 뒤에서 소수점을 올려 찍고

```
      1 . 5
 8 ) 1 2 . 0
     8
     -----
     4 0
     4 0
     -----
       0
```

소수점 아래에서 0을 내려 나눗셈을 해.

❶
```
     1 .
 4 ) 6 . 0
     4
     ---
     2 0
```

❷ 5) 7

❸ 2) 5

❹ 5) 1 3

❺ 2) 1 1

❻ 5) 2 9

❼ 1 2) 1 8

❽ 1 4) 6 3

❾ 1 5) 7 8

⑩ 7 ÷ 4 =

4)7

⑪ 9 ÷ 4 =

⑫ 30 ÷ 8 =

⑬ 69 ÷ 12 =

⑭ 45 ÷ 20 =

⑮ 68 ÷ 16 =

⑯ 84 ÷ 48 =

공부 끝!

맞힌 개수

/16개

부모님 확인

오늘의 숫자 **56**에 색칠하세요.

월 일 /8 분

Day 38

나누어떨어지지 않으면 반올림하여 몫을 소수 첫째 자리까지 나타내 봐.

소수점 아래 0을 내려 계산해도 나누어떨어지지 않으면 적절한 자리에서 반올림하여 몫을 나타낼 수 있어.

$25 \div 7 = 3.57\cdots \rightarrow 3.6$

		3	. 5	7
7	) 2	5	. 0	0
	2	1		
		4	0	
		3	5	
			5	0
			4	9
				1

소수 둘째 자리 숫자가 7이므로 올림해.

아래 자리의 수가 0~4이면 버리고 5~9이면 올리기!

반올림하여 몫을 소수 첫째 자리까지 나타내려면 소수 둘째 자리까지 몫을 구하기!

몫을 소수 첫째 자리까지 나타내기

❶ $7 \div 3 \rightarrow$

	2	. 3	3	
3	) 7	. 0	0	
	6			
	1	0		
		9		
		1	0	
			9	
			1	

반올림 하면?

❷ $5 \div 3 \rightarrow$

3) 5

❸ $8 \div 7 \rightarrow$

❹ $14 \div 11 \rightarrow$

❺ $32 \div 13 \rightarrow$

❻ $67 \div 24 \rightarrow$

몫을 소수 둘째 자리까지 나타내기

소수 셋째 자리까지 몫을 구하면 반올림해서 소수 둘째 자리까지 몫을 나타낼 수 있어.

구하고 싶은 자릿수보다 하나 더 아래 자릿수까지 계산해 반올림하기!

⑦ 10 ÷ 6 →

반올림하면?

		1	.6	6	6
6	)1	0	.0	0	0
		6			
		4	0		
		3	6		
			4	0	
			3	6	
				4	0
				3	6
					4

⑧ 15 ÷ 7 →

7	)1	5			

⑨ 20 ÷ 6 →

⑩ 28 ÷ 9 →

⑪ 46 ÷ 7 →

⑫ 80 ÷ 9 →

공부 끝!

맞힌 개수

/12개

부모님 확인

오늘의 숫자 **55**에 색칠하세요.

Day 39

몫이 1보다 작을 때는
몫의 자연수 부분에 0을
쓰고 소수점을 찍어 줘.

❶ $5\overline{)2.0}$ (몫: 0.)

❷ $4\overline{)1}$

❸ $6\overline{)3}$

❹ $4\overline{)3}$

❺ $20\overline{)7}$

❻ $25\overline{)6}$

❼ $50\overline{)2}$

❽ $8\overline{)7}$

❾ $25\overline{)18}$

❿ $50\overline{)16}$

⓫ $60\overline{)27}$

몫을 반올림할 때는 구해야 하는 자리보다 하나 더 아래 자리까지 계산해야 해.

몫을 소수 첫째 자리까지 나타내기 소수 둘째 자리까지 구해서 반올림하기!

⑫ $2 \div 3$ →

⑬ $6 \div 11$ →

⑭ $5 \div 7$ →

⑮ $9 \div 28$ →

⑯ $14 \div 63$ →

⑰ $21 \div 51$ →

⑱ $23 \div 69$ →

몫을 소수 둘째 자리까지 나타내기 소수 셋째 자리까지 구해서 반올림하기!

⑲ $3 \div 11$ →

⑳ $5 \div 13$ →

㉑ $4 \div 23$ →

㉒ $7 \div 45$ →

㉓ $6 \div 27$ →

㉔ $19 \div 7$ →

㉕ $33 \div 85$ →

㉖ $18 \div 53$ →

㉗ $35 \div 24$ →

㉘ $41 \div 15$ →

공부 끝!

맞힌 개수 /28개

부모님 확인

오늘의 숫자 **43**에 색칠하세요.

Day 40

소수 끝자리의 0을 내려
나누어떨어질 때까지
계산해 보.

❶ $6\overline{)9}$

❷ $5\overline{)19}$

❸ $15\overline{)6}$

❹ $4\overline{)22}$

❺ $5\overline{)36}$

❻ $8\overline{)12}$

❼ $6\overline{)21}$

❽ $8\overline{)5}$

❾ $4\overline{)13}$

❿ $6\overline{)75}$

⓫ $8\overline{)34}$

주어진 자리까지 몫을 반올림해서 나타내 봐.

몫을 소수 첫째 자리까지 나타내기

⑫ 7 ÷ 6 →

⑬ 1 ÷ 6 →

⑭ 2 ÷ 9 →

⑮ 15 ÷ 13 →

⑯ 23 ÷ 19 →

⑰ 41 ÷ 59 →

⑱ 58 ÷ 26 →

몫을 소수 둘째 자리까지 나타내기

⑲ 8 ÷ 3 →

⑳ 9 ÷ 7 →

㉑ 12 ÷ 31 →

㉒ 17 ÷ 19 →

㉓ 33 ÷ 21 →

㉔ 16 ÷ 36 →

㉕ 25 ÷ 17 →

㉖ 40 ÷ 18 →

㉗ 43 ÷ 11 →

㉘ 53 ÷ 27 →

공부 끝!

맞힌 개수 /28개

부모님 확인

오늘의 숫자 41에 색칠하세요.

연산 놀이터

부모님 확인

누가 주스를 더 많이 줄까? 주스를 각각 병에 똑같이 따라 줄 때
한 병당 주스를 더 많이 주는 사람을 찾아 ○표해 보자!

10

비와 비율

이번에는 무엇을 배울까?

몫이 소수인
(자연수)÷(자연수)

비와 비율

백분율

이렇게 지도해요!

❶ 먼저 설명해 주세요.

나눗셈으로 두 수를 비교하는 개념인 비와 비율의 뜻을 그림과 말로 풀어내었습니다. 두 수의 비에서 기준량과 비교하는 양을 아이와 함께 짚어 보면서, 비율을 분수 또는 소수로 나타낼 수 있음을 이해합니다.

❷ 수를 이해하며 계산해요.

설명을 이용하여 Day 41에서
기준량과 비교하는 양을 구분하는 연습을 합니다.

❸ 충분히 연습해요.

Day42 ~ Day44의 문제 풀이를 통해 비에 대한 개념을 정확하게 학습하고, 비율을 구하는 문제를 충분히 다루어 봅니다.

스스로 계획을 세워요!

	공부할 날짜	목표 시간	복습할 날짜
Day 41/48	월 / 일	분 / 27개	월 / 일
Day 42/48	월 / 일	분 / 36개	월 / 일
Day 43/48	월 / 일	분 / 36개	월 / 일
Day 44/48	월 / 일	분 / 27개	월 / 일

선생님의 칠판

비와 비율을 알아볼까?

두 수를 나눗셈으로 비교하기 위해
기호 :를 사용해 나타낸 것을
비라고 해!

1 : 2

비교하는 양　기준량

1대 2, 1과 2의 비,
1의 2에 대한 비, 2에 대한 1의 비
라고 읽어!

기준량에 대한 비교하는 양의 크기를
비율이라고 해!

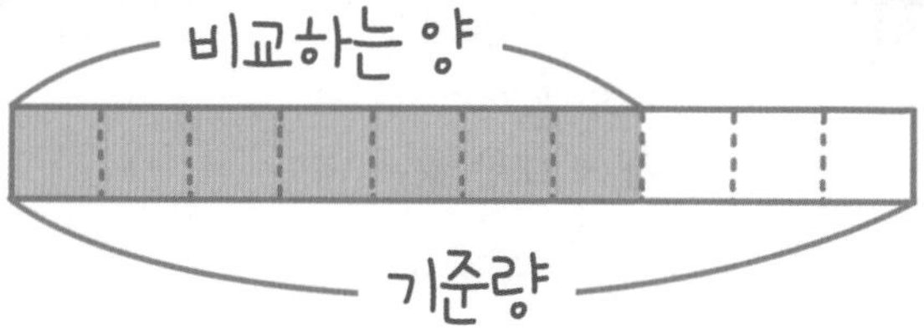

(비율) = (비교하는 양) ÷ (기준량)

$$= \frac{(\text{비교하는 양})}{(\text{기준량})}$$

즉, 7 : 10의 비율은

$$7 \div 10 = \frac{7}{10} = 0.7$$

Day 41

두 수의 비는 비교하는 양과 기준량으로 되어 있어.

2 : 5 → 2 대 5 / 2와 5의 비 / 2의 5에 대한 비 / 5에 대한 2의 비 라고 읽어.

(2: 비교하는 양, 5: 기준량)

	비	비교하는 양	기준량
❶	6:11	6	
❷	3 대 8		8
❸	7과 12의 비		

	비	비교하는 양	기준량
❹	4:9		
❺	5:6		
❻	12 대 4		
❼	5 대 15		
❽	9와 14의 비		
❾	17과 7의 비		
❿	5의 16에 대한 비		
⓫	4의 21에 대한 비		
⓬	17에 대한 10의 비		

	비	기준량	비교하는 양
⑬	9 : 25		
⑭	21 : 7		
⑮	10 대 18		
⑯	15 대 14		
⑰	9와 19의 비		
⑱	26과 16의 비		
⑲	19의 22에 대한 비		
⑳	13에 대한 11의 비		
㉑	18에 대한 30의 비		

	비	기준량	비교하는 양
㉒	24 : 21		
㉓	5 대 27		
㉔	30과 22의 비		
㉕	12에 대한 9의 비		
㉖	6의 26에 대한 비		
㉗	15에 대한 2의 비		

공부 끝!

맞힌 개수

/27개

부모님 확인

오늘의 숫자 **31**에 색칠하세요.

Day 42

비교하는 양을 기준량으로 나누어 비율을 분수로 나타내 보자.

2 : 5

비교하는 양 기준량

↓

비율은 기준량에 대한 비교하는 양의 크기야.

$2 \div 5 = \frac{2}{5}$

	비	비율(분수)
❶	3 : 5	
❷	10 : 7	
❸	8 대 1	
❹	30 대 13	
❺	11과 22의 비	
❻	2와 9의 비	
❼	43에 대한 15의 비	
❽	10에 대한 6의 비	
❾	19의 20에 대한 비	

	비	비율(분수)
❿	24의 12에 대한 비	
⓫	17의 3에 대한 비	
⓬	9 대 36	
⓭	6 : 13	
⓮	18의 40에 대한 비	
⓯	1과 5의 비	
⓰	8에 대한 7의 비	
⓱	4 : 10	
⓲	15와 21의 비	

	비	비율(분수)
⑲	6 : 8	
⑳	3 대 15	
㉑	7의 11에 대한 비	
㉒	9와 13의 비	
㉓	8 : 5	
㉔	27에 대한 6의 비	
㉕	5의 20에 대한 비	
㉖	19와 42의 비	
㉗	17 대 14	

	비	비율(분수)
㉘	17에 대한 19의 비	
㉙	7과 23의 비	
㉚	10 : 31	
㉛	3과 25의 비	
㉜	6의 7에 대한 비	
㉝	5 : 7	
㉞	15에 대한 9의 비	
㉟	11과 12의 비	
㊱	21 : 32	

공부 끝!

맞힌 개수

/36개

부모님 확인

오늘의 숫자 **30**에 색칠하세요.

Day 43

비교하는 양을 기준량으로 나누어 비율을 소수로 나타내 보자.

2 : 5
비교하는 양 기준량
↓
비율은 분수 또는 소수로 나타낼 수 있어.

$2 \div 5 = \frac{2}{5} = 0.4$

	비	비율(소수)
❶	6 : 15	
❷	50에 대한 7의 비	
❸	5와 2의 비	
❹	11 대 25	
❺	37 : 40	
❻	9와 20의 비	
❼	25에 대한 3의 비	
❽	24 대 20	
❾	13의 10에 대한 비	

	비	비율(소수)
❿	12와 20의 비	
⓫	16 : 64	
⓬	1 대 10	
⓭	8에 대한 10의 비	
⓮	6 : 25	
⓯	14와 10의 비	
⓰	3의 50에 대한 비	
⓱	22 대 10	
⓲	19의 25에 대한 비	

	비	비율(소수)
⑲	3 : 4	
⑳	3과 25의 비	
㉑	20의 16에 대한 비	
㉒	25에 대한 20의 비	
㉓	12와 8의 비	
㉔	63 : 90	
㉕	6과 15의 비	
㉖	3 : 40	
㉗	12 대 75	

	비	비율(소수)
㉘	8과 32의 비	
㉙	7 대 20	
㉚	15의 30에 대한 비	
㉛	9 : 5	
㉜	8에 대한 7의 비	
㉝	38과 40의 비	
㉞	12 : 10	
㉟	7의 56에 대한 비	
㊱	50에 대한 17의 비	

공부 끝!

맞힌 개수

/36개

부모님 확인

오늘의 숫자 **45**에 색칠하세요.

월 일 /15 분

Day 44

기준량에 대한 비교하는 양의 크기를 분수 또는 소수로 나타내 보자.

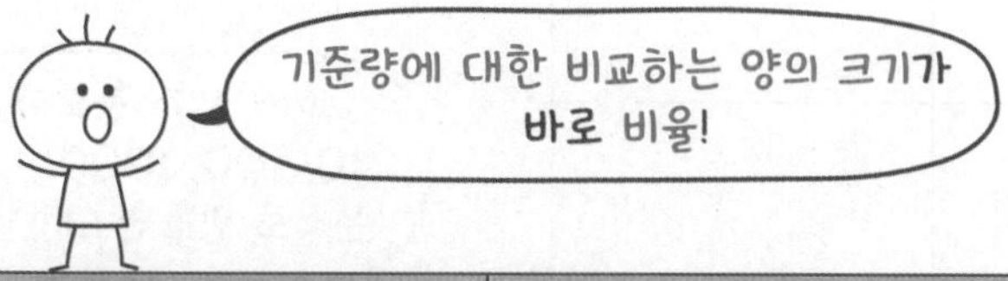

	비	비율	
		분수	소수
❶	17 : 20		
❷	40에 대한 11의 비		
❸	9와 10의 비		
❹	6 대 8		
❺	1의 25에 대한 비		

	비	비율	
		분수	소수
❻	5에 대한 18의 비		
❼	1 : 40		
❽	45와 50의 비		
❾	7의 4에 대한 비		
❿	4 대 25		
⓫	5에 대한 11의 비		
⓬	27과 10의 비		
⓭	27 : 40		

비	비율	
	분수	소수
⑭ 29와 50의 비		
⑮ 12 : 20		
⑯ 12 대 5		
⑰ 3과 25의 비		
⑱ 15 : 10		
⑲ 7 대 25		
⑳ 3의 50에 대한 비		
㉑ 25에 대한 1의 비		

비	비율	
	분수	소수
㉒ 9 : 40		
㉓ 16에 대한 14의 비		
㉔ 6과 48의 비		
㉕ 7의 20에 대한 비		
㉖ 3 : 4		
㉗ 16과 20의 비		

공부 끝!

맞힌 개수 /27개

부모님 확인

오늘의 숫자 **28**에 색칠하세요.

연산 놀이터

부모님 확인

같은 비율을 들고 있는 동물을 연결하면 어떤 글자가 나올까?

11

백분율

이번에는 무엇을 배울까?

비와 비율

백분율

자릿수가 같은 (소수) ÷ (소수)

이렇게 지도해요!

스스로 계획을 세워요!

❶ 먼저 설명해 주세요.

100을 기준으로 하는 비율인 백분율의 뜻을 그림과 말로 풀어내었습니다. 기준이 1인 분수나 소수로 나타낸 비율을, 기준을 100으로 바꾸어 %를 사용해 나타낼 수 있음을 이해합니다.

❷ 수를 이해하며 계산해요.

설명과 이어지는 그림을 이용하여 Day 45에서 같은 비율이어도 기준에 따라 다르게 나타냄을 이해합니다.

❸ 충분히 연습해요.

Day46 ~ Day48의 문제 풀이를 통해 비율의 한 종류인 백분율을 충분히 이해하고, 하나의 비율을 여러 가지 형태로 능숙하게 나타낼 수 있도록 연습합니다.

	공부할 날짜	목표 시간	복습할 날짜
Day 45/48	월 / 일	분 / 11개	월 / 일
Day 46/48	월 / 일	분 / 36개	월 / 일
Day 47/48	월 / 일	분 / 36개	월 / 일
Day 48/48	월 / 일	분 / 19개	월 / 일

선생님의 칠판

백분율은 무엇일까?

기준량을 100으로 할 때의 비율을
백분율이라고 해!

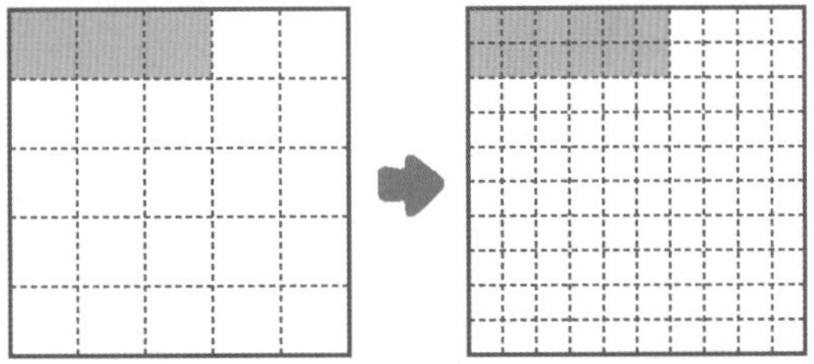

비율

$\frac{3}{25} = \frac{12}{100}$

0.12

백분율

12%

12퍼센트

기호 %를 사용하고
퍼센트라고 읽어.

백분율을 분수나 소수 비율로
바꿀 수 있을까?

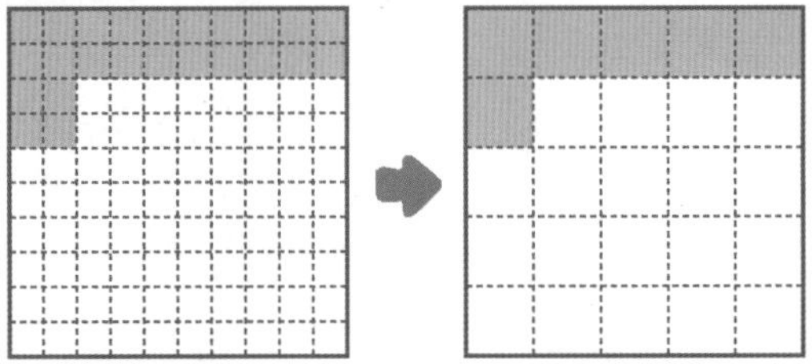

백분율

24%

비율

$\frac{24}{100} = \frac{6}{25}$

0.24

기준이 1인 비율로 바꾸려면
100으로 나누어 주면 돼!

Day 45

기준량을 100으로 만들어 백분율을 구해 보자.

기준량이 100일 때
비교하는 양이 35니까

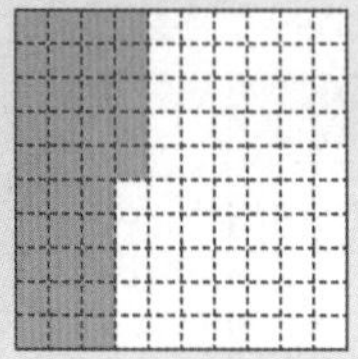

비율은 $\frac{35}{100}$야.

↓

백분율로는 35%라고 써.

$$\frac{35}{100} = 35\%$$

35 퍼센트

$\frac{1}{2}$이 두 칸 중 한 칸이면 100칸 중에서는 몇 칸이지?

❶

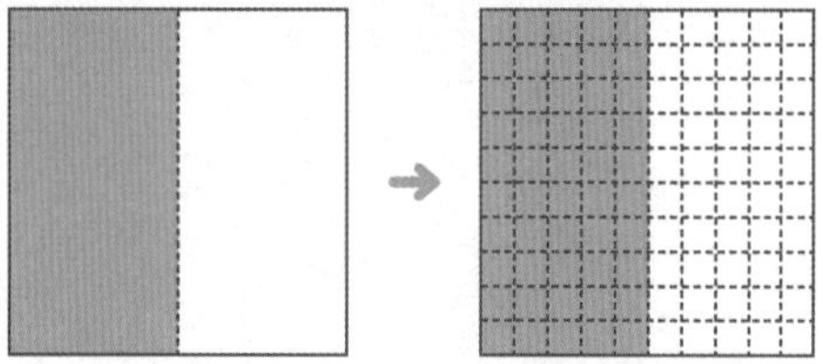

$\frac{1}{2} \rightarrow \frac{50}{100} = \square\%$

기준량이 100인 비율로 나타내고

분자에 %를 붙여.

❷ 비율만큼 색칠해 봐.

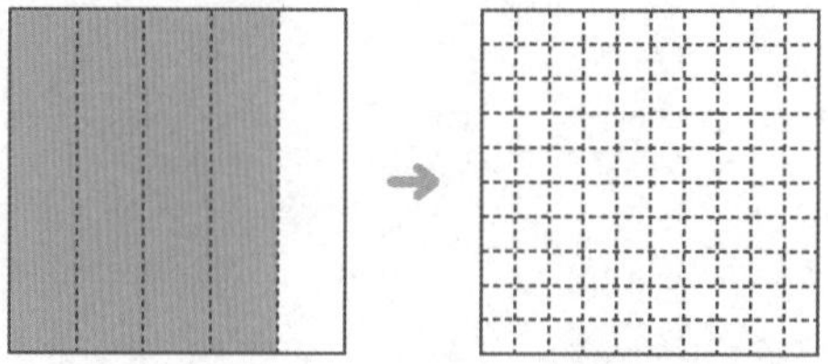

$\frac{\square}{5} \rightarrow \frac{\square}{100} = \square\%$

❸

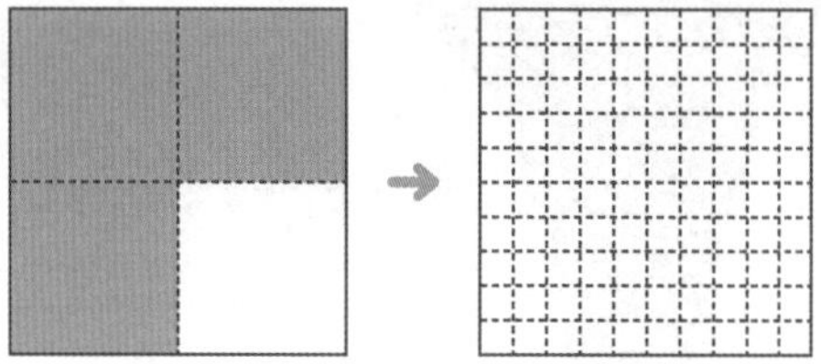

$\frac{\square}{4} \rightarrow \frac{\square}{100} \rightarrow \square\%$

❹

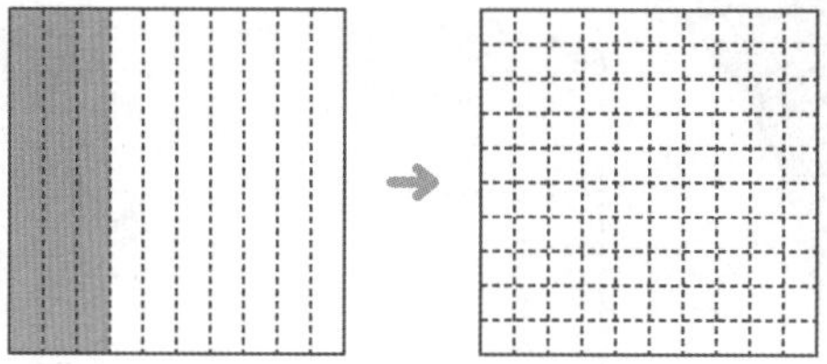

$\frac{\square}{10} \rightarrow \frac{\square}{100} = \square\%$

❺

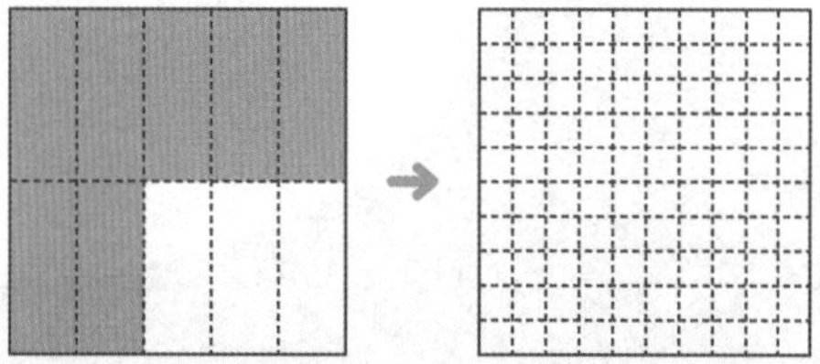

$\frac{\square}{10} \rightarrow \frac{\square}{100} = \square\%$

❻

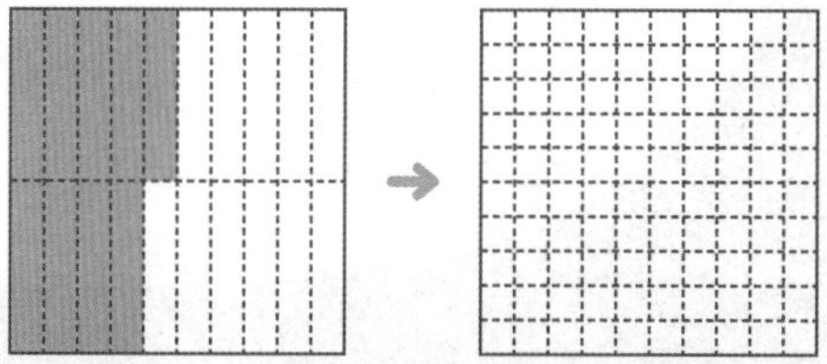

$\frac{\square}{20} \rightarrow \frac{\square}{100} = \square\%$

❼ 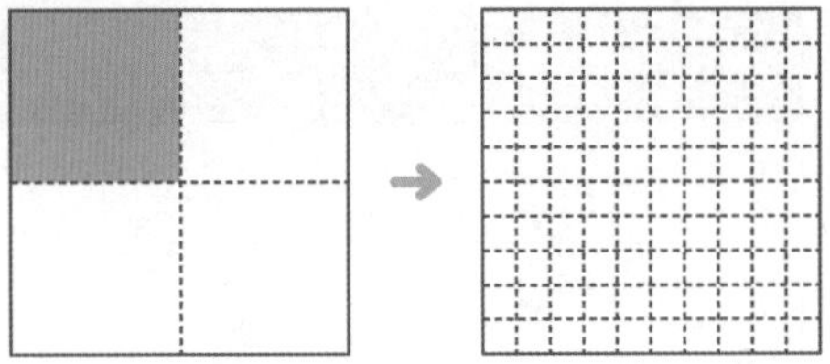

$\frac{\square}{4} \rightarrow \frac{\square}{100} = \square\%$

❽ 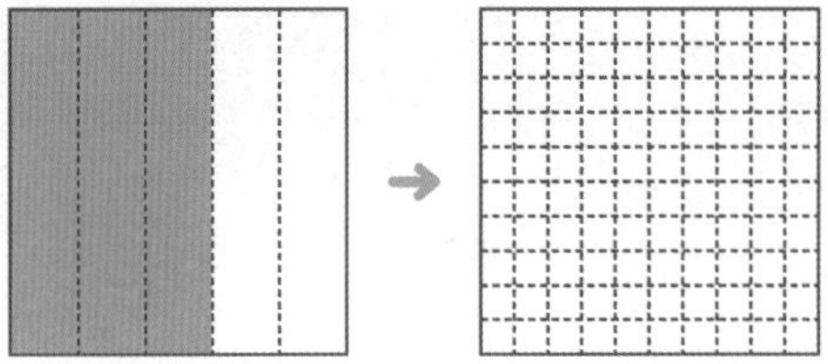

$\frac{\square}{5} \rightarrow \frac{\square}{100} = \square\%$

❾ 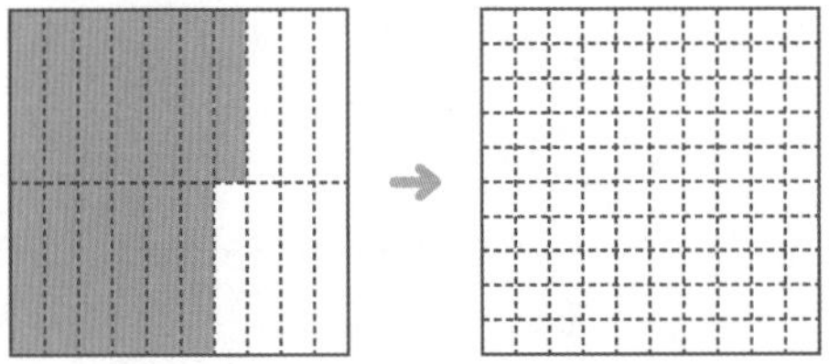

$\frac{\square}{20} \rightarrow \frac{\square}{100} = \square\%$

❿ 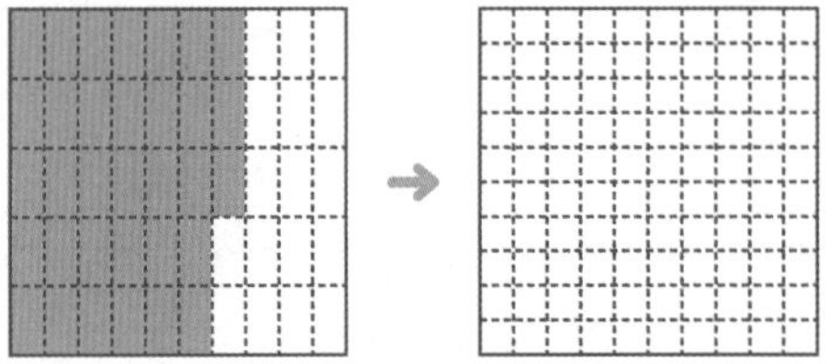

$\frac{\square}{50} \rightarrow \frac{\square}{100} = \square\%$

⓫ 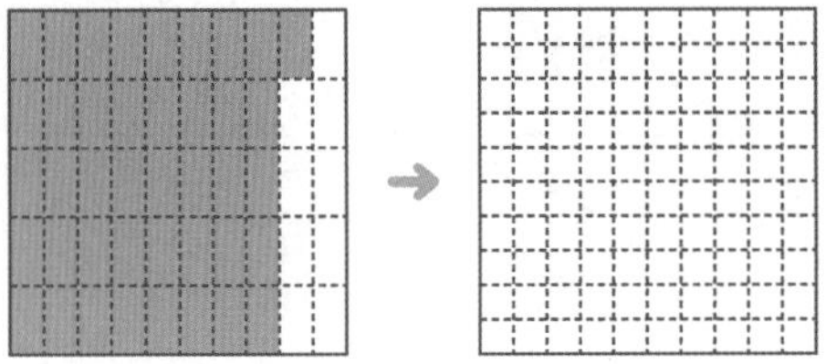

$\frac{\square}{50} \rightarrow \frac{\square}{100} = \square\%$

공부 끝!

맞힌 개수

/11개

부모님 확인

오늘의 숫자 23에 색칠하세요.

Day 46

분수나 소수로 나타낸 비율에 100을 곱하면 백분율이 돼.

$\frac{2}{5} \times 100 \rightarrow 40\%$

$0.4 \times 100 \rightarrow 40\%$

	분수	백분율
❶	$\frac{23}{100}$	
❷	$\frac{7}{100}$	
❸	$\frac{47}{10}$	
❹	$\frac{9}{10}$	
❺	$\frac{3}{25}$	
❻	$\frac{11}{20}$	
❼	$\frac{17}{50}$	
❽	$\frac{19}{25}$	
❾	$\frac{59}{50}$	

	분수	백분율
❿	$\frac{100}{100}$	
⓫	$\frac{4}{5}$	
⓬	$\frac{29}{10}$	
⓭	$\frac{3}{4}$	
⓮	$\frac{1}{8}$	
⓯	$\frac{11}{200}$	
⓰	$\frac{127}{500}$	
⓱	$\frac{31}{50}$	
⓲	$\frac{181}{200}$	

	소수	백분율
⑲	0.2	
⑳	0.14	
㉑	0.09	
㉒	0.7	
㉓	1.6	
㉔	2.03	
㉕	2.15	
㉖	0.605	
㉗	0.007	

	소수	백분율
㉘	0.829	
㉙	1.45	
㉚	0.28	
㉛	1.07	
㉜	1.12	
㉝	2.5	
㉞	0.1	
㉟	2.117	
㊱	3.26	

공부 끝!

맞힌 개수

/36개

부모님 확인

오늘의 숫자 22에 색칠하세요.

월 일 /10 분

Day 47

백분율을 분수나 소수로 바꾸려면 다시 100으로 나누어야 해.

40% ← 백분율로 나타낸 비율은 기준이 100이고

↓

$40 \div 100 = \frac{2}{5} = 0.4$

↑ 분수, 소수로 나타낸 비율은 기준이 1이기 때문이야.

	백분율	분수
❶	2%	
❷	45%	
❸	80%	
❹	65%	
❺	120%	
❻	105%	
❼	250%	
❽	164%	
❾	92%	

	백분율	분수
❿	7%	
⓫	87.5%	
⓬	10.4%	
⓭	310%	
⓮	15.2%	
⓯	55%	
⓰	125%	
⓱	136%	
⓲	47%	

	백분율	소수
⑲	4%	
⑳	1%	
㉑	17%	
㉒	36%	
㉓	85%	
㉔	103%	
㉕	150%	
㉖	340%	
㉗	52.2%	

	백분율	소수
㉘	5%	
㉙	30%	
㉚	30.2%	
㉛	15.4%	
㉜	1.6%	
㉝	0.8%	
㉞	4.7%	
㉟	0.09%	
㊱	179.2%	

공부 끝!

맞힌 개수

/36개

부모님 확인

오늘의 숫자 **4**에 색칠하세요.

월 일 /10 분

Day 48

나눗셈으로 두 수를 비교하는 것은 비, 기준량에 대한 비교하는 양의 크기는 비율!

	비	기준량	비교하는 양	비율		
				분수	소수	백분율
❶	5 : 2					
❷	7 대 20					
❸	10의 16에 대한 비					
❹	50에 대한 41의 비					
❺	11 : 25					
❻	9와 20의 비					

기준이 1인 분수와 소수의 비율을 기준이 100인 백분율로 바꾸어 봐.

❼ 0.4 → (   )

❽ $\frac{1}{25}$ → (   )

❾ 0.21 → (   )

❿ $\frac{31}{20}$ → (   )

⓫ 0.791 → (   )

⓬ $\frac{11}{40}$ → (   )

⓭ 0.159 → (   )

⓮ $\frac{11}{10}$ → (   )

⓯ 0.653 → (   )

⓰ 0.105 → (   )

⓱ $\frac{7}{50}$ → (   )

⓲ $\frac{96}{125}$ → (   )

⓳ 0.84 → (   )

공부 끝!

맞힌 개수

/19개

부모님 확인

오늘의 숫자 3에 색칠하세요.

연산 놀이터

부모님 확인

가장 할인율이 높은 상품을 찾아보자!

원래 가격에 대한
할인 금액의 비율!

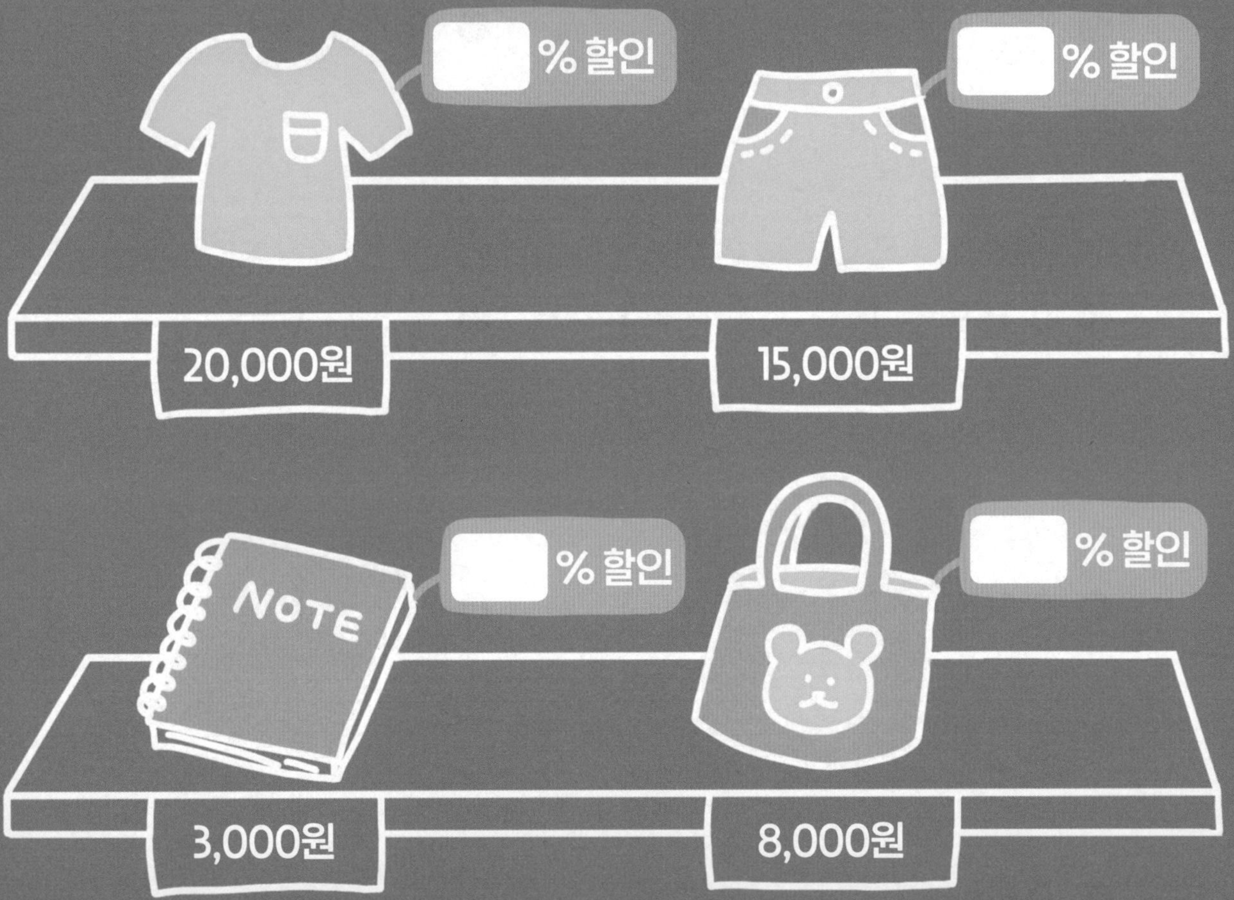

○○마트 영수증

티셔츠	14,000원
반바지	12,000원
공책	2,700원
가방	4,800원
총액	33,500원

연산

범위 1단계 ~ 6단계

실력 점검하기

맞힌 개수: /42　걸린 시간: /분

01 $2 \div 7$

02 $2 \div 8$

03 $11 \div 3$

04 $9 \div 15$

05 $6 \div 20$

06 $\frac{5}{9} \div 20$

07 $\frac{7}{10} \div 14$

08 $\frac{8}{15} \div 12$

09 $\frac{12}{17} \div 6$

10 $\frac{16}{21} \div 4$

11 $\frac{8}{3} \div 10$

12 $\frac{9}{8} \div 21$

13 $\frac{10}{9} \div 15$

14 $\frac{21}{10} \div 14$

15 $\frac{22}{15} \div 8$

16 $1\frac{1}{7} \div 9$

17 $1\frac{4}{5} \div 12$

18 $2\frac{1}{3} \div 21$

19 $3\frac{3}{4} \div 10$

20 $4\frac{4}{9} \div 35$

21 $\frac{9}{11} \div \frac{6}{11}$

22 $\frac{7}{12} \div \frac{5}{12}$

23 $\frac{6}{17} \div \frac{16}{17}$

24 $\frac{5}{9} \div \frac{5}{6}$

25 $\frac{9}{10} \div \frac{2}{3}$

26 $\frac{6}{11} \div \frac{18}{19}$

27 $4 \div \frac{3}{10}$

28 $21 \div \frac{7}{8}$

29 $8 \div \frac{10}{17}$

30 $15 \div \frac{9}{16}$

31 $\frac{9}{16} \times 24 \div \frac{3}{8}$

32 $\frac{7}{2} \div \frac{1}{6}$

33 $\frac{8}{3} \div \frac{2}{7}$

34 $\frac{9}{7} \div \frac{3}{5}$

35 $\frac{10}{9} \div \frac{5}{6}$

36 $\frac{11}{5} \div \frac{3}{20}$

37 $1\frac{3}{7} \div \frac{5}{9}$

38 $2\frac{5}{8} \div \frac{9}{14}$

39 $4\frac{3}{8} \div \frac{7}{16}$

40 $5\frac{1}{4} \div \frac{15}{28}$

41 $6\frac{3}{5} \div \frac{11}{15}$

42 $\frac{8}{3} \div 2\frac{4}{9} \div \frac{6}{5}$

연산 실력 점검하기

범위 7단계 ~ 11단계

맞힌 개수: /41 걸린 시간: /분

01 $3\overline{)16.41}$

02 $6\overline{)48.72}$

03 25.92 ÷ 8

04 60.2 ÷ 14

05 $6\overline{)49.5}$

06 $15\overline{)33.6}$

07 16.2 ÷ 12

08 23.8 ÷ 4

09 $3\overline{)3.12}$

10 $4\overline{)3.92}$

11 3.25 ÷ 5

12 29.12 ÷ 14

13 $8\overline{)58}$

14 $12\overline{)78}$

15 87 ÷ 6

16 39 ÷ 5

17 34 ÷ 7 몫을 소수 첫째 자리까지 나타내기

→ (　　　　　)

18 29 ÷ 9 몫을 소수 첫째 자리까지 나타내기

→ (　　　　　)

19 53 ÷ 7 몫을 소수 둘째 자리까지 나타내기

→ (　　　　　)

20 41 ÷ 12 몫을 소수 둘째 자리까지 나타내기

→ (　　　　　)

	비	기준량	비교하는 양
21	4 : 11		
22	21 대 14		
23	18과 7의 비		
24	27에 대한 15의 비		
25	19의 10에 대한 비		

	비	비율	
		분수	소수
26	17 : 5		
27	32 : 50		
28	18 대 25		
29	9와 20의 비		
30	5에 대한 18의 비		
31	14의 20에 대한 비		

	분수 또는 소수	백분율
32	$\frac{6}{25}$	
33	$\frac{23}{20}$	
34	0.58	
35	0.214	

	백분율	분수
36	32.7%	
37	54%	
38	76%	

	백분율	소수
39	3%	
40	23%	
41	92.2%	

범위 1단계 ~ 11단계

연산 실력 점검하기

맞힌 개수: /42 걸린 시간: /분

01 $6 \div 17$

02 $\frac{8}{13} \div 6$

03 $\frac{14}{11} \div 12$

04 $12 \div 9$

05 $\frac{15}{8} \div 5$

06 $2\frac{4}{9} \div 11$

07 $3\frac{1}{11} \div 4$

08 $\frac{18}{17} \div 27$

09 $4\frac{4}{5} \div 18$

10 $14 \div \frac{2}{9} \times \frac{11}{21}$

11 $\frac{14}{15} \div \frac{4}{9}$

12 $2\frac{1}{6} \div \frac{1}{4}$

13 $\frac{15}{8} \div \frac{5}{16}$

14 $\frac{20}{13} \div \frac{5}{14}$

15 $3\frac{1}{9} \div \frac{4}{7}$

16 $\frac{21}{8} \div \frac{7}{13}$

17 $\frac{18}{23} \div \frac{20}{23}$

18 $32 \div \frac{4}{5}$

19 $5\frac{5}{12} \div \frac{15}{16}$

20 $\frac{9}{16} \div 2\frac{1}{10} \times \frac{4}{15}$

21 $8\overline{)5.2}$

22 $7\overline{)7.49}$

23 $12\overline{)38.4}$

24 $20\overline{)97}$

25 19 ÷ 4

26 18.8 ÷ 8

27 24.3 ÷ 5

28 27.17 ÷ 13

29 87.2 ÷ 4

30 14 ÷ 3 몫을 소수 첫째 자리까지 나타내기

→ ( )

31 69 ÷ 11 몫을 소수 둘째 자리까지 나타내기

→ ( )

	비	비율	
		분수	소수
32	13 : 20		
33	8 대 50		
34	45와 25의 비		
35	40에 대한 14의 비		
36	8에 대한 9의 비		
37	27의 50에 대한 비		

	비율		
	분수	소수	백분율
38	$\frac{19}{20}$		
39	$\frac{93}{200}$		
40		0.72	
41			9%
42			11.7%